静下心来
找回自己

王 凡 编著

辽海出版社

图书在版编目（CIP）数据

静下心来找回自己 / 王凡编著 . 一 沈阳：辽海出版社，2017.10

ISBN 978-7-5451-4414-7

Ⅰ . ①静… Ⅱ . ①王… Ⅲ . ①人生哲学—通俗读物 Ⅳ . ① B821-49

中国版本图书馆 CIP 数据核字（2017）第 249670 号

静下心来找回自己

责任编辑：柳海松

责任校对：丁　雁

装帧设计：廖　海

开　　本：630mm×910mm

印　　张：14

字　　数：174 千字

出版时间：2018 年 5 月第 1 版

印刷时间：2019 年 8 月第 3 次印刷

出版者：辽海出版社

印刷者：北京一鑫印务有限责任公司

ISBN 978-7-5451-4414-7　　　　　定　　价：68.00 元

序 言

在经济快速增长、物欲横流的今天，我们的心灵变得越来越浮躁，当我们每天在高压力和快节奏下生活的时候，我们变得越来越不重内涵。

有的时候，我们太在乎，最后的结果却适得其反；我们太"喻于利"，让亲情、友情、爱情离我们越来越远。这一切都源于我们的内心。正是我们汲汲于名利，太在意得与失，太看重身外之物，从而迷失了自己。

这个时候，我们需要静下来，只有这样我们才能听到自己内心的声音，从而追随自己心灵的方向，找到属于自己的生活方式！

生活有时也会因为一些失去而变得更完美。失去了，我们还可以争取找回来，如果找不回来，还可以去发现新的、更好的。当我们失去爱人，别忘了还有夏天的热烈，可以让我们再次寻找；当我们失去爱心，别忘了还有春天的温馨，而春还能让我们找回那颗爱之心；当我们失去希望，别忘了去秋天的收获中寻觅；当我们失去意志，别忘了还有冬天的坚韧让我们锤炼……

让我们试着用一种平和的心态去对待生活中的种种，凡事看得淡一点，知足常乐，会让自己的生活轻松愉快，如果太贪心，总想得到很多又无法面对失去，那终究会成为一种生活的负担与累赘，让我们疲惫不堪而逐渐失去人生的乐趣。既然这样，那么，让我们还是选择平静与淡泊吧，好好珍惜自己拥有的，正确面对已经失去的，给自己一份快乐的好心情、好生活。

非淡泊无以明志，非宁静无以致远。凡事看淡一些，反而少了烦恼；处事宁静一些，却多了从容和优雅……

目 录

第一章

生命短暂，你需要静下来

人生短暂，磨难更长。生活不会永远像清晨的阳光那样温馨明朗，也不会永远像在无风的蓝天中飞翔的鸟儿那样舒适安逸。生活中总是有很多矛盾、烦恼、苦难……很多人悲叹生命的短暂和生活的艰辛，只有少数人能在有限的生命中活出自己的快乐，不快乐的你难道只能"尽人事，听天命"吗？一切取决于你的心态，关键在于你需要静下来，只有静下来才会明白：善待自己才是一种精神的解脱。

第二章

为什么要和自己过不去

　　人的苦恼，不在于获得多少、拥有多少，而是想得到更多；而人的快乐，不是因为他拥有得多，而是因为他计较得少。静下心来仔细想想，任何事都有一个度，超过这个度，很多事就可能变得极其荒谬。因为得不到而苦苦折磨自己，只能用一个字给其定论，那就是"累"。为什么要跟自己过不去？要知道，怎么过都是一天，我们为何不开心度过每一天呢？

静下来，就会明白快乐的真谛

没有一种生活是完美的，也没有一种生活会让一个人完全满意。如果抱怨成了习惯，就像搬起石头砸自己的脚，于人无益，于己不利，生活就成了牢笼一般，处处不顺，处处不满；反之，则会明白，自由地生活着，本身就是最大的幸福，哪有那么多的抱怨呢？

为何不用微笑去面对当下的生活

在这个世界上，有许多事情是我们所难以预料的。我们不能控制际遇，却可以掌握自己；我们无法预知未来，却可以把握现在；我们不知道自己的生命到底有多长，却可以安排当下的生活；我们左右不了变化无常的天气，却可以调整自己的心情。只要活着，就有希望。别跟自己过不去，每天给自己一个希望，就算人生不够完美，也要微笑着去唱失意生活的歌谣。

包袱太重，为何不放下来前行

能放下是一种领悟、一种在历经磨难后的豁达，因为有时候想放下也不一定能放下。"放下包袱，且歌且行"——对于生活，我们要积极应对，放下精神和物质的"包袱"，以一种超然的态度去看待人生、创造人生、享受人生。不要因为一点点与目标无关的小事使自己的身体和心理承受不必要的压力，"放下"便是为自己打开一扇通向光明的窗，"放下"便是选择了一条豁然开朗的生命之路。

第六章

仔细想想，你需要重视身边的人

我们每个人每天都要接触非常多的人，不管是认识的抑或不认识的。但在我们的周围，总有那么几个人会成为我们最好的朋友，对于他们，我们常常会有些抱怨，总是觉得他们不够重视自己。其实，不是他们不够重视你，而是你对他们的要求太高了，当某一天他们离开你，你就会发现你是那样的不习惯！

第七章

放弃之后，心静释然

　　放弃是一种解脱，是释放自己于偏狭思想之牢笼，它可以使你寻回迷失的思想，恢复正常的心态。放弃不是盲目的舍弃，也不同于懦弱者的退却，它是为了某种目的而进行的有原则、有价值的主动性的反向选择。所谓鱼与熊掌不能兼得，正反不能同就，命运摆在你面前的是一道选择题，懂得放弃才能获得释然。

第八章

抛却烦恼，在家庭的港湾停泊

家是每一个人心灵的避风港，现实的社会总是充满了各种无奈，这个时候，不妨让自己暂时抛却那些烦恼，把自己融入到家庭这个温馨的氛围中来。这个时候，你会变得简单纯粹，看着父母的笑脸，感受着爱人的体贴，体会着孩子的纯真，你还会那么烦恼吗？

第九章

问问自己，为什么不对自己好一点

孩子需要鼓励，大人也需要鼓励；他人需要鼓励，自己也需要鼓励。什么是鼓励？鼓励就是通过特定的奖赏对人对己的再理解和再认同。

安然自若，用享受的心来对待生活

做人不能光知道忙碌，有的人常常说自己这里忙那里忙，没时间去旅游去玩，可是真正生病的时候又有非常多的时间来照顾自己。所以，要学会照顾自己，要学会享受生活，在忙碌的同时，也要有一颗安然的心！

第一章
生命短暂，你需要静下来

人生短暂，磨难更长。生活不会永远像清晨的阳光那样温馨明朗，也不会永远像在无风的蓝天中飞翔的鸟儿那样舒适安逸。生活中总是有很多矛盾、烦恼、苦难……很多人悲叹生命的短暂和生活的艰辛，只有少数人能在有限的生命中活出自己的快乐，不快乐的你难道只能"尽人事，听天命"吗？一切取决于你的心态，关键在于你需要静下来，只有静下来才会明白：善待自己才是一种精神的解脱。

心灵也需要阳光的进驻

生而为人，就需要面对自然界的无穷变化，诸如山崩地裂、狂风暴雨、酷寒炙热等。而生活在这个时代里，更需接受人类为满足物欲需求而破坏生存环境所带来的恶果。例如各种剧烈病痛的产生、河水土壤的污染、动物植物的灭绝等，这些现象时时处处都影响着我们人类的生命及财产的安全。

当灾难或困境来临时，我们是无法逃避的，事实上我们也逃避不了。事情既然发生了，任谁都无法改变现状，使其恢复原来的面貌，所以再多的哀怨与丧志都于事无补。唯有放开郁闷的心胸，迈开脚步，一点一滴重整自己的生活环境，如此，生命才将丰盈，理想亦可实现，因为生命力的展现，乃是此时此刻的耕耘，而不是缅怀过去，或是寄望将来。

事实上，我们的心窗并未被关闭，而生命之光也依然是明亮的，我们只是暂时被恐惧、担忧、无助、失落的情绪所蒙蔽。就像一面明镜，表面沾满了灰尘一般，如将灰尘清除干净，则明镜依然可明亮照人。

当面临困境或灾难时，我们如何消除内心诸多不安的情绪，并重新建立起自己的自信心呢？

首先，我们应欣然地接受事实，并承受内心的害怕及肉体的痛苦，不要想刻意地逃避它，那是做不到的。但我们却可用正向的思想，使这些情绪消除于无形当中，因为恐惧的情绪，只是心理的作用。反面的思想产生了不安全的感觉；正面的思想产生希望和理想。这些思想都由我们自己选择，每一个人都完全有能力控制自己的内心。有一位英国著名的解剖学者，被一名学生问到

"什么是医治恐惧的良方"，他的答案是"试着替别人服务"。这学生听了感到惊奇，要求他加以说明，他说："人的内心，不能同时存有两种心思，一种心思会把另外一种赶走，例如：你内心已充满无私助人的念头，你就不会同时产生害怕的心情。"

其次，我们要认清一个事实，那就是世间所有的一切，都是无时无刻不在变动着的，没有任何一件事物，可保持长久不变。所以，我们永远无法抓住想拥有的东西，包括我们自己的身体在内。能够以此心态看待万事万物的幻化，则心胸必将豁然开朗，不再执著于抓取，不思拥有，就不会害怕失去，恐惧、忧愁不安的情绪亦将远离，随风而去。

第三，虽然我们面对困境，但绝对不可自我放弃，认为自己已没有能力或任何机会完成生活目标，这是对自己不负责任的想法。他人的协助是有限的，而自己的能力却是无穷的。所以要适时采取行动，把心力用在可使力的事情上，想自己可以做的事，去做该做而且能做的事，这能让你重新振作，鼓舞精神力，显现生机。活力是从工作中产生的，在工作中完成目标，看到自己努力的成果，能感觉到自己生存的价值，使内心充满喜悦。

随时随地，我们都可看到墙壁的细缝中，长出了不知名的小树、小花、小草，亦有更多攀爬类的植物。依实际状况，它们的生存环境应该算是很差的，没有土壤的培育、养分的供给，只靠雨水或露水维持生命。但它们不仅存活得很好，而且枝叶茂盛，甚至爬满了整面的墙壁。污泥中的莲花，在污泥之下长出莲藕，提供了我们既爽口又高营养的食物。而池面上的荷叶，虽被风吹雨打而显现得枝黄叶破，但亦丝毫无损于绿叶衬托的作用，并支撑着花梗，使莲花绽放得更为摇曳生姿。这是自然界给我们的最好的启示，不管环境是如何的恶劣，只要我们有毅力，做好自己应做的事，就能创造生机，活出精彩的自己，完成生活的目标。同时，也可以从这个现象中看出，活着就有它的意义。

　　因此，每天晨起就给自己一个期望，当睁开眼睛之后，就想着我今天可以去做什么，并把它完成。活得有目标，做起事来，就会更加有劲儿，对自己所许下的心愿，任谁都会很乐意并且很勤快地完成它。在工作的过程中，可以发掘乐趣、激发脑力，甚至有更佳的创意产生，这都是我们能力的展现及潜能的发挥，也是自我理想的实现。生命的意义，并不一定要建立在丰功伟业上，任何一点小小的成果，也同样可以显示出生命的价值。

试着解放自己的心灵

　　有个长发公主叫雷凡莎，她头上披着很长很长的金发，长得很美丽。雷凡莎自幼被囚禁在古堡的塔里，和她住在一起的老巫婆天天念叨着，说雷凡莎长得很丑。

　　一天，一位年轻英俊的王子从塔下经过，被雷凡莎的美貌惊呆了，从这以后，他天天都要到这里来一饱眼福。雷凡莎从王子的眼睛里认清了自己的美丽，同时也从王子的眼睛里发现了自己的自由和未来。有一天，她终于放下头上长长的金发，让王子攀着长发爬上塔顶，把她从塔里解救了出来。

　　囚禁雷凡莎的不是别人，正是她自己，那个老巫婆是她心里迷失自我而产生的魔鬼，她听信了魔鬼的话，以为自己长得很丑，不愿见人，就把自己囚禁在塔里。

　　其实，人在很多时候不就像这个长发公主一样吗？人心很容易被种种烦恼和物欲所捆绑。那都是自己把自己关进去的，就像长发公主，将老巫婆的话信以为真，自认为长得很丑，因此把自己囚禁起来。

就是因为自己心中的枷锁，我们凡事都要考虑别人怎么想，将别人的想法深深套在自己的心头，从而束缚了自己的手脚，使自己停滞不前。就是因为自己心中的枷锁，我们独特的创意被自己否定，认为自己无法成功。我们总是这样告诉自己，我难以成为配偶心目中理想的另一半，无法成为孩子心目中理想的父母、父母心目中理想的孩子。然后，我们开始向环境低头，甚至于开始认命、怨天尤人。

仔细想想，很多时候，在人生的海洋中，我们就犹如一只游动的鱼，本来可以自由自在地游来游去，寻找食物，欣赏海底世界的景致，享受生命的丰富乐趣。但突然有一天，我们遇到了珊瑚礁，然后自己就不愿再动弹了，并且呐喊着说自己陷入绝境。这，想想不可笑吗？自己给自己营造了心灵监狱，然后钻进去，坐以待毙。

人的一生的确充满许多坎坷、许多愧疚、许多迷惘、许多无奈，稍不留神，我们就会被自己营造的心灵监狱所监禁。而心狱，是残害我们心灵的极大杀手，它在使心灵调零的同时又严重地威胁着我们的健康。

同样的道理，欲望对于某些人而言是一种毒药，它禁锢了他们的内心，让他们变得贪婪。当心灵充斥着欲望，我们活着又有什么意义呢？

有一位修行人，离开了他原先修行时所在的村庄，到荒无人烟的深山老林里去进一步苦修。他只带了一块布当作衣服，就一个人到山里去了。

住了一段时间，他在洗衣服的时候，发现需要另外一块布来替换，就下了山，回到村里，向村民们讨一块布当作衣服。村民们都知道他是一位虔诚的修行人，毫不犹豫地给了他一块布。

这位修行人回到山里，不久，他发现在他住的茅草屋子里有一只老鼠，这只老鼠经常在他专心打坐的时候，出来咬他那件准备换洗的衣服。他在这以前已经发过誓，说自己一生会严格遵守不杀生的戒律，因此他不愿意去伤害那只老鼠。但他又没办法赶走那只老鼠，所以他又回到村里，向村民要了一只猫来饲养。

带回了这只猫之后，他又想：这只猫要吃什么呢？这只猫是用来吓走老鼠的，不是让它去吃老鼠的。但这只猫总不能跟我一样，每天只吃一些水果和野菜吧！于是他又向村民讨了一头奶牛，这样，这只猫就可以靠喝牛奶活下去了。

修行人在山里住了一段时间以后，发现每天都要花很多的时间来照顾那头奶牛，于是他又回到村里，找了一个无家可归的流浪汉，将他带到山中，帮自己照顾奶牛。

流浪汉在山中住了一段日子后，向修行人抱怨："我跟你不一样，我需要一个女人，我想要过正常的家庭生活。"修行人一想也认为有道理，觉得不能强迫别人一定要跟自己一样。

于是他又下山，给流浪汉找了一个老婆……

故事就这样不断地发展了下去。到了后来，大半个村子都搬到山上去了。

欲望就是这样的一条锁链，接二连三，无休无止，越来越长。不知不觉间，我们就被自己欲望的锁链牢牢地拴住了。

如果我们被欲望的锁链拴住，我们就会因失去人生的自由而得不偿失。

时时勤拂拭，勿使惹尘埃

英国诗人威廉·费德说过："舒畅的心情是自己给予的，不要天真地去奢望别人的赏赐。舒畅的心情是自己创造的，不要可怜地乞求别人的施舍。"

唐代僧人神秀也曾作一偈："身是菩提树，心如明镜台。时时勤拂拭，勿使惹尘埃。"心如明镜，纤毫毕现，洞若观火，那身无疑就是"菩提"了。但前提是"时时勤拂拭"，否则，尘埃厚厚，似茧封裹，心定不会澄碧，眼定不会明亮了。

一个人在尘世间走得太久了，心灵无可避免地会沾染上尘埃，使原本洁净的心灵受到污染和蒙蔽。心理学家曾说过："人是最会制造垃圾污染自己的动物之一。"的确，清洁工每天早上都要清理人们制造的成堆的垃圾，这些有形的垃圾容易清理，而人们内心中诸如烦恼、欲望、忧愁、痛苦等无形的垃圾却不那么容易处理了。因为，这些真正的垃圾常被人们忽视，或者是出于种种的担心与阻碍不愿去扫。譬如，我们常常借口太忙太累而不去扫，或者担心扫完之后必须面对一个未知的开始，而你又不确定那开始就是你想要的。万一现在丢掉的，将来想要时却又捡不回来，那该怎么办？

的确，清扫心灵不像日常生活中扫地那样简单，它充满着心灵的挣扎与奋斗。不过，你可以告诉自己：每天扫一点，每一次的清扫，并不表示这就是最后一次。而且，没有人规定你必须一次扫完，但你至少要经常清扫，及时丢弃或扫掉拖累你心灵的东西。

每个人都有"扫心"的任务，对于这一点，古代的圣者先贤看得很清楚。明代思想家吕坤认为，"无欲之谓圣，寡欲之谓贤，多欲之谓凡，得欲之谓狂"。圣人之所以为圣人，就在于他无所求，他能保持心灵的纯净和一尘不染，凡人之所以是凡人，就在于他心中的杂念太多，而他自己还蒙昧不知。所以，圣人了悟生死，看透名利，继而清除心中的杂质，让自己纯净的心灵重新显现。

我们都有清理打扫房间的体会吧，每当整理好自己最爱的书籍、资料、照片、影碟、画册、衣物后，你会发现：房间原来这么大、这么清亮明朗！自己的家更可爱了！

其实，心灵的房间也是如此，如果不把污染心灵的废物一块一块清除，势必会造成心灵垃圾成堆，而原来纯净无污染的内心世界，亦将变成满池污水，让你变得更贪婪、更腐朽、更不可救药。

人的一生，就像一趟旅行，沿途中有数不尽的坎坷泥泞，但也有看不完的春花秋月。如果我们的一颗心总是被灰暗的风尘所覆盖，干涸了心泉，黯淡了目光，失去了生机，丧失了斗志，我们的人生轨迹岂能美好？而如果我们能"时时勤拂拭"，勤于清扫自己的"心地"，勤于掸净自己的灵魂，我们也一定会有"山重水复疑无路，柳暗花明又一村"的那一天。

放飞心灵的风筝

在人来人往的世界里，你可曾拥有快乐自在？在你争我夺的国度里，你是否依旧怡然自得？在喧嚣尘世中，你的心灵是否压抑得太久了？

不要苦了自己的心灵，让它放飞吧，让它同风筝一样在自由的国度里想怎样飞就怎样飞吧！

朋友，如果你愿意，就请同我一起来这里，放飞心灵的风筝吧。

这里是一片澄碧的天空，你瞧，天空如此分明，白与蓝协调地搭配成一片美丽的风景。近处是深蓝色，很清纯；远处是淡蓝色，很淡雅。美丽的云朵很俏皮，一会儿靠近我们的风筝说悄悄话，一会儿又跑得远远的，把风筝抛在后面。

风筝放飞的是我们的心情。久居高楼的压抑心情终于能在空中自由地劲舞，恣意享受着驰骋的快乐。感受着温暖的风伴着漂亮的风筝扶摇上升，快乐就犹如七彩烟花在空中绽放，透明的心境也随之在蓝色的天空尽情闪烁。朋友，我们好惬意，不是吗？

风筝放飞的是我们的梦想。在钢筋混凝土筑成的空间里，我们被搁置已久的梦想，终于能同心情一块上路了。让它飞吧，自由自在地飞吧！脚踏茵茵青草，头顶湛蓝天空，梦想怎能不飞呢？

风筝放飞的是我们的情感。在这样风和日丽的日子，且让我们把美丽的情愫系于风筝之线，让它在广阔深情的天空下洗礼得更加圣洁。

放飞一只心灵的风筝，让它在美丽的蓝天下尽情飞翔，让美丽的天空不再空荡；放飞一只心灵的风筝，让它在湛蓝的天空里愉快欢唱，让我们的世界不再孤寂；放飞一只心灵的风筝，让它在心灵的城堡里快乐舞蹈，让我们的生活不再烦闷枯燥。

给自己的心灵放个假

第二次世界大战期间，丘吉尔到北非蒙哥马利将军行辕去闲谈时，蒙哥马利将军说："我不喝酒，不抽烟，到晚上十点钟准时睡觉，所以我现在还是百分之百的健康。"丘吉尔却说："我刚巧跟你相反，既抽烟，又喝酒，而且从不准时睡觉，但我现在却是百分之二百的健康。"很多人都认为是怪事，以丘吉尔这样一位身负第二次世界大战重任，工作繁忙紧张的政治家，生活这样没有规律，何以寿登大耄，而且还百分之二百的健康呢？

其实，只要稍加留意就可知道，他健康的关键，全在有恒的锻炼、轻松的心情。毫无疑问，邱吉尔既抽烟，又喝酒，且不准时睡觉，这些并不值得借鉴。但是我们是否知道，邱吉尔即使在战事最紧张的周末还去游泳，在选战白热化的时候还去垂钓，而且他刚一下台就去画画，估计很多人无法想象他那微皱起的嘴边上，斜插着一支雪茄的轻松心情吧！

因此，我们不妨学着邱吉尔那样，给自己的心情放个假吧！也许我们不可能完全做到邱吉尔的完美，但是我们只要学到一半，就可以得到百分之百的健康。

在现实生活中，使自己心情轻松的第一要诀是"知止"。"知止"而后心定，定而后能静，静而后能安，心情还有什么不轻松的呢？

使心情轻松的第二要诀是"谋定而后动"。做任何事情，都要先有周密的安排，安排既定，然后按部就班地去做，就能应付自如，不会既忙且乱了。在这瞬息万变的社会里，当然免不了出现偶发事件，此时更要沉住气，详细而镇定地安排。事事都能谋定而后动，就一定像中国史书中的谢安那样，在淝水之战最紧张的时刻还有闲情逸致下棋了。

使心情轻松的第三要诀是不做不胜任的事情。假如我们身兼数职，却顾此失彼，又有何快乐可言呢？或者用非所长，心有余而力不足，心情又怎么会轻松呢？

使心情轻松的第四要诀是"拿得起，放得下"。对任何事情都不可一天 24 个小时地念念不忘，寝于斯，食于斯。否则，不仅于身有害，而且于事无补。

使心情轻松的第五要诀是在轻松的心情下工作。工作尽可紧张，但心情仍须轻松。在你肩负重担的时候，千万记住要哼几句轻松的歌曲。在你写文章写累了的时候，不妨高歌一曲。要知道心情越紧张，工作越做不好。

一个口吃的人，在他悠闲自在地唱歌时，绝不会口吃；一个上台演讲就脸红的人，在与他的爱人谈心时一定会娓娓动听。要想身体好、工作好，就一定要在轻松的心情下工作。

使心情轻松的第六要诀是多留出一些富裕的时间。好多使我们心情紧张的事，都因为时间短促，怕耽误事。若每一样事都多留出些时间来，就会不慌不忙、从容不迫了。

一个心情经常轻松的人沾枕头就能睡着，一个心情经常紧张的人容易失眠；一个永远从容不迫的人准能长寿，一个紧锁眉头的人定会早亡。给心情放个假，你便会时时感到快乐，感到无忧无虑。

让自己变得简单一点

简单是一种美，是一种朴实且散发着灵魂香味的美。

简单不是粗陋，不是做作，而是一种真正地大彻大悟之后的升华。

现代人的生活过得太复杂了，到处都充斥着金钱、功名、利益的角逐，到处都充斥着新奇和时髦的事物。被这样复杂的生活所牵扯，我们能不疲惫吗？

梭罗有一句名言感人至深："简单点儿，再简单点儿！奢侈与舒适的生活，实际上妨碍了人类的进步。"他发现，当他生活上的需要简化到最低限度时，生活反而更加充实，因为他已经无须为了满足那些不必要的欲望而使心神分散。

简单地做人，简单地生活，想想也没什么不好。金钱、功名、出人头地、飞黄腾达，当然是一种人生。但能在充斥着灯红酒绿、推杯换盏、斤斤计较、欲望和诱惑的世界里，不依附权势，不贪求金钱，心静如水，无怨无争，享受一份简单的生活，不也是一种很惬意的人生吗？毕竟，你用不着挖空心思去追逐名利，用不着留意别人看你的眼神。没有锁链的心灵，快乐而自由，随心所欲，该哭就哭，想笑就笑，虽不能活得出人头地、风风光光，但这又有什么关系呢？！

从前有个大富翁，家有良田万顷，身边妻妾成群，可日子过得并不开心。而挨着他家高墙的外面，住着一户穷铁匠，夫妻俩整天有说有笑，日子过得很开心。

一天，富翁的小老婆听见隔壁夫妻唱歌，便对富翁说："我们虽然有万贯家产，还不如穷铁匠开心！"富翁想了想笑着说："我能叫他们明天唱不出声来！"于是拿了家里所有的金条，从墙头扔了过去。打铁的夫妻俩第二天扫院子时发现不明不白的金条，心里又高兴又紧张，为了这些金条，他们连铁匠炉子上的活也丢下不干了。男的说："咱们用金条置些好田地。"女的说："不行！金条让人发现，会怀疑我们是偷来的。"男的说："你先把金条藏在炕洞里。"女的摇头说："藏在炕洞里会被贼娃子偷去。"他俩商量来，讨论去，谁也想不出好办法。从此，夫妻俩吃饭不香，觉也睡不安稳，当然再也听不到他们的欢笑和歌声了。富翁对他的小老婆说："你看，他们不再说笑，不再唱歌了吧！"而富翁却因家里再也没有金条，不用防备盗贼，心里变得轻松起来，他们夫妻俩反而能每天都有好心情唱歌了。看，开心就是如此简单。

铁匠夫妻俩之所以失去了往日的开心，是因为得了不明不白的金条，为了这不义之财，他们既怕别人发现，又怕被人偷去，不知如何处置，所以终日寝食难安。

现实生活中也是如此，有些大款虽然守着一堆花花绿绿的票子，守着一幢豪华的洋房，守着一位貌合神离的天仙，却未必能咀嚼生活的真趣味。

开心不开心同样也不能用手中的"权"来衡量。有了权，未必就能天天开心。我们时常看到有些弄权者，为了保住自己的"乌纱帽"，处处阿谀奉迎，事事言听计从，失去了做人的尊严，哪里还有什么真正的开心？

俄国诗人涅克拉索夫的长诗《在俄罗斯，谁能幸福和快乐》中，诗人找遍快乐的人，最终发现真正快乐的人竟是枕锄瞌睡的农夫。是的，这位农夫有强壮的身体，能吃能喝能睡，从他打瞌睡的眉间和他打呼噜的声音中，无不流露出由衷的开心。这位农夫为什么能开心？不外乎两个原因，一是知足常乐，二是劳动能给人带来快乐和开心。

法国杰出作家罗曼·罗兰说得好："一个人快乐与否，绝不依据获得了或失去了什么，而只能在于自身感觉怎样。"

有的人大富大贵，别人看他很幸福，可他自己身在福中不知福，心里老觉得不痛快；有的人，别人看他离幸福很远，他自己却时时与幸福邂逅。

有对下岗的年轻夫妇，在早市上摆个小摊，靠微薄的收入维持全家5口人的生活。这夫妇俩过去爱跳舞，现在没钱进舞厅，就在自家院子里打开收录机转悠起来。男的喜欢喂鸟，女的喜欢养花。下岗后，鸟笼里依旧传出悦耳动听的鸟鸣声，阳台上的花儿依旧鲜艳夺目。他俩下了岗，收入减少了许多，还乐个不停，邻居们都用惊异的目光看着他俩。

是的，我们虽然无法改变现在的境况，但我们可以改变自己的心态。没了工作不要紧，但不能没有快乐，如果连快乐都失去了，那活着还有什么意义。因为快乐是人的天性的追求，开心是生命中最顽强、最执著的律动。

生活未必都要轰轰烈烈，"云霞青松作我伴，一壶浊酒清淡心"，这种意境不是也很清静自然，像清澈的溪流一样富于诗意吗？生活在简单中自有简单的美好，这是生活在喧嚣中的人所渴求不到的。晋代的陶渊明似乎早已明了其中的真意，所以有诗云：结庐在人境，而无车马喧。问君何能尔？心远地自偏。采菊东篱下，悠然见南山。山气日夕佳，飞鸟相与还。此中有真意，欲辨已忘言。简单的生活其实是很迷人的：窗外云淡风轻，屋内香茶萦绕，一束插在牛奶瓶里的漂亮水仙，穿透洁净的耀眼阳光，美丽地开放着；在阳光灿烂的午后，你终于又来到年轻时的山坡，放飞着童年时的风筝；落日的余晖之中，你静静地享受着夕阳下清心寡欲的快乐……

简单是美，是一种高品位的美。

心中常怀好的希望

当我们渴望自己每天都有一个好心情的时候，我们是否尝试过每天早上起来的时候给自己一个对美好心情的期盼，并且用这种期盼来鼓舞和激励自己呢？真的，这确实是一个非常不错的主意，当我们每一天都坚持做下去，使之成为一种习惯的时候，我们会发现我们的心情真的越来越好，我们的幸福感也越来越强烈。

美国有这样一个故事：一天清晨，汤姆乘坐的老式火车的卧车中，大约有6位男士正挤在洗手间里刮胡子。经过了一夜的疲困，隔日清晨通常会有不少人在这个狭窄的地方做一番漱洗。此时的人们多半神情漠然，而彼此也不交谈。

就在此刻，突然有一个面带微笑的男人走了进来，他愉快地向大家道早安，但是却没有人理会他的招呼，或只是在嘴巴上应付一下罢了。随后，当他准备开始刮胡子时，竟然泰然自若地哼起歌来，看上去显得非常的快乐。他的这番举止令汤姆感到极度不悦。于是汤姆冷冷地、带着讽刺的口吻对这个男人问道："喂！你好像很得意的样子，怎么回事呢？"

"是的，你说得没错。"这个男人如此回答说，"正像你所说的，我是很得意，我真的觉得很快乐。"然后，他又说道，"我只是把使自己觉得心情愉快这件事当成一种习惯罢了。"

这就是那个男人说话内容的全部。不过我们相信，在洗手间内所有的人，包括汤姆都已经把"我只是把使自己觉得心情愉快这件事当成一种习惯罢了"这句深富意义的话牢牢地记在心中了。

事实上，这句话确实具有深刻的哲理。不论是幸运或不幸的事，人们心中习惯性的想法往往占有决定性的影响地位。有一位名人说："穷苦人的日子都是愁苦；心中欢畅者，则常享丰宴。"这段话的意义是告诫世人设法培养愉快之心，并把它当成一种习惯，那么，生活将好像一连串的欢宴。

一般而言，习惯是生活的累积，是能够刻意培养的，因此人人都掌握着创造愉快心情的力量。

养成心情愉快的习惯，主要是凭借思考的力量。首先，你必须拟订一份有关心情愉快的想法清单，然后，每天不停地思考这些想法，其间若有不高兴的想法进入你的心中，你必须立即停止，并将之设法摒除，以快乐的想法取而代之。此外，在每天早晨下床之前，不妨先在床上舒畅地想着，然后静静地把有关快乐的一切想法在脑海中重复思考一遍，同时在脑中描绘出一幅今天可能遇到的快乐地图。久而久之，不论你面临什么事，这种想法都将对你产生积极的效用，帮助你面对任何事，甚至能够将困难与不幸转化为快乐。相反，倘若你一再对自己说："事情不会进行得顺利的。"那么，你便是在制造自己的不愉快，而所有关于"不愉快"的形成因素，不论大小都将围绕着你。

从前，有一位不幸的人，他每天总是在吃早餐时对他太太说："今天看来又是不愉快的一天。"虽然他的本意并非如此，因为尽管他的口中这么如此念着，实际上在心中却也期待着会有好运来临。然而，一切情况都很糟糕。其实，会有这种情况发生并不令人奇怪，因为心中若预存不快乐的想法，那一天的心情肯定会受到你的潜意识的影响，所有的事情也就会办得很不顺。

给自己种上一棵"忘忧草"

生活是个万花筒，有时不免长出一朵让人忧郁、烦恼的花，破坏你的好心情，使你的生活黯然失色。此时，你不妨学着在心中种一棵"忘忧草"，让它帮你遮挡忧郁，给你的心灵带来芳香与快乐。"忘忧草"可以是一本秘密日记，可以是一次倾情诉说，可以是一曲高山流水，也可以是一次翩翩起舞……

当心情不好时，可以打开日记，把所有的忧郁、烦恼和不快都融入笔端，写入日记，这样一方面可以宣泄心中的不快，另一方面可以理清心绪，平静心情，有时还能顿悟和释然。你可以在日记中倾诉生活的烦恼，可以"痛骂"给你带来不快的领导，可以"诉说"失恋给你带来的伤痛。总之，一切的不快乐都可以在日记中宣泄，而宣泄过后，肯定会有如释重负的感觉。

如果说写日记是向自己倾诉，那么写信或谈话便是向知音、朋友、师长等信任的人倾诉，你可以从他们那里得到同情、理解和帮助。只要勇于打开心扉，朋友便会尽力帮你减轻心理负担，为你分担坏心情。

此外，在忧郁、烦闷时，你也可以痛哭一场，可以大吼几声，可以放声高唱或打球、跑步、洗澡，借此来忘掉忧愁。但任何宣泄方法都不可过分，更不能伤害别人或自残，应当适时、适度地宣泄。

心情不好时，可以听一段轻松愉快的音乐，让舒缓的旋律来抚慰那纷乱的心绪，让自己陶醉在音乐中，随着高山流水让心绪欢呼雀跃；可以外出漫步散心，让优美的景色、新鲜的空气冲淡内心的不快与烦躁。这种转移情景法能够帮你从坏心情中超脱，让你时时沉浸在快乐中。

你也可以暂时放下手头的活，离开令你伤心、烦恼的地方，去做一些感兴趣的事转移你的注意力，从而忘掉烦恼和不快；也可以参加一些集体活动，在欢乐的气氛中摆脱痛苦的阴影。

生活中，如果我们能以乐观的态度去对待一切，好心情就会常伴我们。生活中有人什么都不缺，就是不快乐；而有的人什么都不如别人，但他却整天乐呵呵的。他们的差别不在于拥有多少，而在于内心知足与否。

一个身材矮小的学生，总感到自己身体条件不如别人，自卑得很，有一天他参观了聋哑学校后，觉得比起那些残疾人来，自己真的是幸运多了。于是他不再为自己的身材烦恼，而是努力发展自己的特长，力图在成绩、能力上超过别人。

不妨快乐地顺其自然

《淮南子》中曾有这样一个故事：有一位住在边塞的老翁养了一群马，有一天，其中有一匹马忽然不见了，家人们都非常伤心，邻居们也都赶来安慰他，而他却无一点悲伤的情绪，反而对家人及邻居们说："你们怎么知道这不是件好事呢？"众人惊愕之中都认为是老人因失马而伤心过度，在说胡话，便一笑了之。

可事隔不久，当大家渐渐淡忘了这件事时，老翁家丢失的那匹马竟然又自己回来了，而且还带回来了一匹漂亮的马，家人喜不自禁，邻居们惊奇之余亦很羡慕，都纷纷前来道贺。而老翁却无半点高兴之意，反而忧心忡忡地对众人说："唉，谁知道这会不会是件坏事呢？"大家听了都笑了起来，都以为老人乐疯了。

果然不出老翁所料，事过不久，老翁的儿子便在骑那匹马时摔断了腿。家人们都很难过，邻居们也前来看望，唯有老翁显得不以为然，众人很是不解，问他何故，老翁却笑着答道："这又怎么不是件好事呢？"众人不知所云。

事过不久，战争爆发，所有的青壮年都被强行征集入伍，而战争相当残酷，前去当兵的乡亲，十有八九都在战争中送命，而老翁的儿子却因为腿跛而未被征用，他也因此幸免于难，故而能与家人相依为命，平安地生活在一起。

这个故事便是"塞翁失马，焉知非福"。老翁的高明之处便在于明白"祸兮福所倚，福兮祸所伏"的道理，能够做到任何事情都能想得开，看得透，顺其自然。顺其自然是一种处世哲学，而且是一种很好、很受用的处世哲学。

顺其自然是最好的活法，不抱怨，不叹息，不堕落，胜不骄，败不馁，只管奋力前行，只管走属于自己的路。中国有句俗话叫做"谋事在人，成事在天"，而这种"成事在天"便是一种顺其自然。只要自己努力了、问心无愧便知足了，不奢望太多，也就不会失望。

顺其自然不是随波逐流，而是坚持正常的学习和生活，做自己应该做的事情，是弄明白自己的人生方向后踏实地顺着这条路走下去。有人曾经问游泳教练："在大江大河中遇到漩涡怎么办？"教练答道："不要害怕。只要沉住气，顺着漩涡的自转方向奋力游出便可转危为安。"顺其自然也是如此，它不是"逆流而动"，也不是"无所作为"，而是按正确的方向去奋斗。

顺其自然不是宿命论，而是在遵守自然规律的前提下积极探索；顺其自然不是不作为，而是有所为，有所不为。

用心去感受生活中的一切

俗话说："世上无难事，只怕有心人。"生活也不例外，只要我们用心去体验、去感受生活，就会少一分抱怨，多一分享受；就会少一分烦恼，多一些快乐。

生活既是人的对手，也是人的朋友，你怎么待它，它便会以其人之道，还治其人之身。作为对手，生活经常会给你出道难题，在你前进的方向上设个陷阱，但是只要你用心对它，便能行走自如，便能征服它，把它变为你的朋友；作为朋友，只要你笑对人生，它便会时常让你尝到生活的美好滋味，让你体验到生活的快乐。总之，只要用心生活，生活便会把你当作永远的朋友。

静下心来找回自己

　　用心生活，就要专心做事，就像狮子扑兔，要全力以赴，更要像小鸟筑巢，埋首工作。专心做事的人，像是在从事一门艺术，他能看到生活中最美好的风景。一名农夫在偏远农村待了一辈子，从来没有离开过那片土地，从来没有去过大城市。当一位前去采访的记者问他，一辈子都住在这种恶劣的环境中，没有离开过大山，是否感到遗憾时，他回答说："没有遗憾，我每天都感到很快乐！"

　　生活是要用心去感受的。用包容、豁达的心情看待生活，即使处于生命的低谷，也会觉察到人生的美好与幸福。

　　用心感受生活，就是要规划自己的人生，并努力追求、努力实现自己的人生目标；就是勇往直前，义无反顾，向看似不可能的事情挑战；就是充满爱心，怀着一颗真诚的爱心去生活。

　　用心感受生活，就要品尝生活的原滋原味，就要接受生活的所有赏赐，不能挑肥捡瘦。有的人一生追求名利，终生为之而奋斗。如果他"成功"了，那他也只能体味到名利的滋味，但这绝不是生活的全部，绝不是生活的原本滋味。事业的成功，剥夺了他与亲人相处的时间，剥夺了他真正感受生活的时间，也剥夺了他人生的权利。有的人一生追求金钱，但最后穷得只剩下钱了，因为钱连亲情、友情、爱情都失掉了，这样的人生，又有什么意义呢？

　　古代哲学家说过："凡是存在的，都是合理的。"且不论这句话所包含的哲学思想对错与否，它对于生活是完全适用的。生活中的一切，不论是苦难还是芬芳，不论是烦恼还是快乐，都有其存在的理由，我们无法回避，无法挑选，只能用心对待，只有这样，才能真正体味到生活的美好滋味。正如有的人喜欢吃酸，但如果整天让他吃酸的话，恐怕几天下来他就要叫苦不迭、见酸后退了。生活也一样，我们祈求天天交好运，但如果整天把自己泡在蜜罐里，也就感觉不到快乐了。苦难是生活的调味剂，是幸福的衬托，用心生活，就不能回避苦难。

第二章

为什么要和自己过不去

　　人的苦恼，不在于获得多少、拥有多少，而是想得到更多；而人的快乐，不是因为他拥有得多，而是因为他计较得少。静下心来仔细想想，任何事都有一个度，超过这个度，很多事就可能变得极其荒谬。因为得不到而苦苦折磨自己，只能用一个字给其定论，那就是"累"。为什么要跟自己过不去？要知道，怎么过都是一天，我们为何不开心度过每一天呢？

凡事皆源自于心

大家都热爱自己的工作吗？工作累吗？即使累也幸福吗？如果是自己的选择，如果真心喜欢自己的工作，那么再苦再累也是值得的。上帝对每一个人都是公平的，只要你在正确的方向付出，只要你愿意坚持，总有一天会有属于自己的收获。

有这样一个家庭，家中的生活一向很拮据，尽管一家6口已节俭至极了，可父母双方微薄的工资也才仅仅够糊口，但他们却很乐观，时常鼓励儿女："孩子们，迎着困难走下去，我们总会有办法的。别忘了，我们还有那只玉镯呢。"那是爷爷奶奶唯一的遗产，孩子们没见过，但妈妈说那可是件价值连城的老古董呢，必须在万不得已的情况下才可以用。这给儿女们增添了不少信心：他们毕竟有个依靠。

每到月初，精打细算的母亲便把那叠不多的钱细心地分成一小叠一小叠：这是本月的水费，那是伙食费……但是有一个月，母亲怎么分也不够用，因为最小的妹妹也要上学了。父母锁紧了眉头，这钱是如何都周转不过来了。一家人沉默不语。姐姐打破沉默，小声说："妈，卖掉那玉镯吧。"仍是一片沉默。只见做父亲的掏出自己的一份钱说："我戒烟吧。"母亲眼里透出了一片感激，接着，读大学的哥哥也退还了自己的一份："我明天就去找个兼职。"于是左减右删，他们还是保住了那生活的唯一依靠。

此后，这个家庭常遇到困难，但父母总是说："没到万不得已的时候，绝对不动用玉镯。"而兄妹们也不再为艰难的生活而恐惧，他们的心里和爸妈一样踏实而有信心：毕竟我们还有个玉镯呢。

直到哥哥姐姐出来工作后，他们再也不用吞咽生活的苦水。母亲打开了那只"宝盒"，令他们万分惊讶的是，里面空无一物。儿女们霎时明白了爸妈的用心。多年来，鼓励他们闯过一个又一个难关的，不是那只价值连城的玉镯，而是父母那比玉镯更有价值的对生活充满信心永不屈服的乐观与坚毅。

回首那段辛酸的生活，回味父母在困境中的乐观与不屈，对这几个孩子来说，它的价值是物质所不能衡量的。带着这种品质，他们将坚定地走在崎岖的人生道路上。

你要坚定自己的信念，不要动摇。就像挖水井，首先必须找到你认为有水源的地方，然后坚持往下挖。如果水源离地面50米，你每次只挖到40米就放弃，而去找另一个地方再挖，那么，不管你付出多少汗水，都将会白费力气，最多是自欺欺人地告诉自己："我又多了一次失败的经验。"

找到适合自己工作的人们，面对工作上的困难，面对不顺，不要垂头丧气，不要轻言换工作，再坚持一会儿，霉运就会过去，再坚持一会儿，就会出现转机。

活得简单才能活得自由

中国作家刘心武说："在五光十色的现代世界中，让我们记住一个古老的真理：活得简单才能活得自由。"

的确，简单是一种美，是一种朴实且散发着灵魂香味的美。简单是一种智慧，是一种经历复杂之后的更上层楼的彻悟。我们常常会叹息生活这部车太沉、太重，累得我们疲惫不堪，几乎要迷失方向。于是心生疑惑：是自己缺少热情和精力去面对生活，还是生活本身就如此呢？

人来到这个世上，并非为了受苦受累，寻找生活的乐趣、追求人生的幸福才是人类永恒的追求。有人说，没有最好的生活，只有最好的设计，这是很有道理的。生活轻松快乐与生活劳累烦闷的感觉，大半是由自己营造出来的。

现代人的生活过得太复杂了，到处都充斥着金钱、功名、利欲的角逐，到处都充斥着新奇和时髦的事物。被这样复杂的生活所牵扯，我们能不疲惫吗？

简单做人，不依附权势，不贪求名利、金钱，无怨无争，也是一种人生。这种人生为自己而活，不必看别人的脸色行事，想笑就笑，想哭就哭，快乐自在。虽然没有人送礼，没有人吹捧，但也没有人惦记，出门不用小心坏人，在单位不用提防小人，生活反而更轻松，这种人生更精彩。

简单做人，洒脱自在。简单是一种平淡，但不是单调；简单是一种平凡，但不是平庸；简单是一种美，是一种原汁原味的美。

记住，你不需要过高的期望。

不少人对生活的憧憬是这样的：拥有宽敞豪华的寓所；争取更高的社会地位；买高档商品，穿名贵的皮草；跟上流行的大潮，永不落伍；等等。

我们不能否认这些方面可以成为生活的一部分，但生活仅是这些吗？富裕奢华的生活需要付出巨大的代价，如果我们降低对物质的需求，将节省更多的时间充实自己。轻闲的生活会让我们更加自信，增进并珍视人与人之间的情感，提高生活质量。幸福、快乐、轻松或许对我们来说更有意义。

许多人认为私人住宅能带给人安全感，比财富、婚姻更为重要。但是，现在随着土地价格的升高，拥有一幢房子需要付出的代价越来越大。其实，如果仔细地计算一下得失，想一想生活中其他的乐趣，就会发现它并不是那么重要。

有一个人几年前厌倦了城市生活，于是辞去了工作，卖掉房屋，带妻儿出外漫游。回来以后，他们租了一间宽敞明亮的公寓，这为他们省下很多开支。当他们想再去旅行的时候，也不再觉得房产是沉重的负担。他们看起来就像是生活朴素而逍遥自在的人。

租房子的好处是不会有巨大的经济压力，租房的费用与买房相比简直不值一提。租房也意味着很多的选择，对现在的状况不满意了，就简单地改变一下。

很多租房的人并没有一点漂泊不定的感觉，相反，从某种意义上说，他们有更多的时间和精力去从事自己喜欢的活动，得到更多快乐。当然这些只是一方面，或许有人更偏爱拥有房子的感觉，那就为它而努力吧，这样你也是快乐的。

在社会中与人更好地相处是正常的，它是生活的一部分。与人相处不好会让我们感到不愉快，甚至觉得非常痛苦。我们需要朋友，这能减少我们的孤独，让我们感觉安全。但当朋友带来的痛苦多于快乐时，你就应该勇敢地结束这段友情。总之，如果学会了简化生活，那么生活这部车子就会跑得快跑得欢了。

"简化"是生活中第一要做的事情。就像美丽精致的杂物一样，再好，也是杂物，应该从生活中坚决剔除出去。

简化的第一步就是要知道什么是自己真正想要的。不妨在手边常备一张便条纸、一支笔，把自己想要的东西、想完成的改变列个清单。当达到其中一项目标时，你会有强烈的成就感和满足感；如果暂时做不到，那么只是把它放在清单上就好了。过一段时间，你可能会惊奇地发现有的愿望居然自己实现了；或者你已不再那么想要它。

简化生活就是要做到心存简单，不要被太多的欲望拖着上路，不要总认为别人拥有的自己也应当拥有，终日惶惶不安地迷失在自己制造的种种需求中，在物欲的罗网里苦苦挣扎；简化生活，就是要安于淡泊、远离名利，不要让太多的虚荣不停地抽击生活的陀螺，不要让太多的名利思想遮去心头灿烂的阳光；简化生活就是积极创造生活、热爱生活。我们不能以被动的消极姿态去对待生活。

简单的生活是有目的的生活，保证有时间做自己想做的事，而不是让时光在繁乱的家事中流走。

简单的生活是将生活和现实（有限的收入、时间和精力）与价值结合，并将它们应用到一种舒适、有效的生活方式中。它是一种"生活的艺术"，是一种谋求生存、面对自我和勇于革新的艺术。

记住，最简单的生活往往才是最精彩的！

内心是你快乐的源泉

有故事云：终南山麓，水丰草美。在这一带出产一种快乐藤，凡是得到这种藤的人一定会喜形于色、笑逐颜开，不知烦恼为何物。曾经有一个人为了得到快乐，不惜跋千山涉万水，去找这种藤。不想他虽然历尽千辛万苦来到终南山麓，得到了这种藤，却仍然不快乐。这天晚上，他在山下一位老人屋中借宿，面对皎洁的月光，不由慨然长叹。他问老人：为什么我已经得到了快乐藤，却仍然不快乐？老人一听乐了：其实，快乐藤并非终南山才有，而是人人心中都有，只要你有快乐的根，无论走到天涯海角，都能够得到快乐。

是啊！人生一世，草木一秋，能够快快乐乐开开心心地过一生，相信这是每个人心中的一个梦。雨果说：比海洋更广阔的是天空，比天空更广阔的是人的心灵。人心浩瀚，可以容纳许多东西，但如果我们的心灵总是被自私、贪婪、卑鄙、懒惰所笼罩，不论我们是富甲天下或是位极至尊，也不可能求得快乐。但如果我们的心灵能不断得到坚忍、顽强、刻苦、纯朴之泉的灌溉，不论我们是一贫如洗或是位卑如蚁，也可以求得快乐。

在短短的人生之旅中，人人都有所求。有的人求子孙满堂，即得满足；有的人求福如东海，深感幸福；有的人求无上智慧，最是得意；有的人求万事如意，甚为欢喜。如果就表面看来，他们所求各不相同，但万涓细流，汇聚成海，归根结底，他们所求的仍然是快乐。

生活中有一种人，很计较别人对他的看法，完全以别人的评价为行事准则。别人说好，他就按人家的想法和意思去做；别人说不好，他就会后悔、恐慌、自责、情绪低落、偃旗息鼓。他时时为别人的看法而担心、害怕、烦恼、痛苦，经常掩饰自己，迎合他人，不知道自己是谁。

有一则寓言，非常生动地描述了这种人的心态：一个老翁和一个孩童赶着一头驮着货物的驴去赶集。货卖完了，小孩骑驴回家，老翁跟着走，有路人责备孩子，说他太没礼数，不知敬老，叫老人徒步。他们便对换一下。而旁人又说老人太狠心，不懂得爱幼，让孩子徒步走。老人于是就将孩子抱到驴背上，两人共骑一驴，后来看见的人却说他们残忍，太没有善心，把驴子累得要死。于是他们都从驴背上下来，走了不久，又有人笑话他们，说他们是呆子，空着现成的驴不骑。于是老人对孩子说：我只剩下一个办法了，就是我们俩抬着驴走。

为了得到他人的好感、好评，就去刻意改变自己，扭曲自己，迷失自己，因一失之累，烦恼一生，痛苦一生。人们对一个人的看法总是像各种各样的多棱镜，不会一致说好，即使你做得再好，也会有人说不好。

2003 年 3 月，一位旅游者在意大利的一座山上，发现一块墓碑，碑文记述了一位名叫托比的人是怎样被老虎吃掉的。据说这块墓碑是柏拉图和他的学生为托比树立的，大意是这样：托比从雅典来意大利讲学，途经此山，发现了一只老虎，进城后跟别人说，但没有人相信他，因为在这座山上从来就没有人见过老虎，不仅这座山上没有，而且周围的山上也没有。

托比坚持说见到了老虎，并且说是一只威武雄壮的老虎。可是无论他怎么说，就是没有人相信他的话。最后，他说，我带你们去看，如果见到了真老虎，该相信了吧。于是柏拉图的几个学生跟他上了山。可是漫山遍野找了个遍，就是不见老虎的影子，甚至，连根老虎的毛也没有看见。但托比仍对天发誓说他确确实实在那棵大树下见到了老虎，跟他去的几个人都说，你当时一定是看花了眼。你最好还是不要说确实看到了老虎，否则人们会说我们城邦里来了个最会撒谎的人。

我怎么会是个撒谎的人呢？我的的确确是见到了一只老虎，怎么就没有人相信我呢？在接下来的日子，他为了证明自己没有说谎，逢人就说他没有撒谎，是诚实的，确实是见到了老虎。可是说到最后，人们不仅见到他就躲，并且在背后还议论他：看！这就是从雅典来的疯子。本来来意大利讲学，是想成为有学问和道德修养的人，现在，却被人们认为是一个疯子和撒谎者。

他怎么也想不通，他发誓一定要让人们相信自己是诚实的。为了证明自己确实见到了老虎，在他来到意大利的第十天，他买回了一支猎枪就上山了。他要找到那只老虎，并且要把那只老虎打死带回来让全城的人都看一看，证明他没有撒谎。然而，他这一去就再没有回来，3 天后，人们在山中发现一堆撕碎的衣服和一只脚。经城邦的法官验证，托比是被一只重量至少有500 磅的老虎吃掉的。托比并没有撒谎，他确确实实在这座山上见到了一只老虎。

这段碑文是谁写的并不重要，重要的是这段碑文给了世人这样一个启示：世上有许多不幸，都因急着向别人证明自己的正确。那种急于证明自己的人，其实就是在寻找一只能把自己吃掉的老虎。在事实和真理面前，真正的智者都是走自己的路，任别人去评说。

一个人重视自己在别人心目中的形象，看重众人对自己的评价是可以理解的，做得适度，还能表现一个人的自尊，但如果过度了，则是一记暗伤。

有时候屈辱可以成为前进的动力

说到屈辱，最广为人知、最被人称道的，恐怕就是韩信受胯下之辱的事迹了。

韩信年轻时，家穷，整日游手好闲，什么都不愿干，他身强力壮，却靠讨饭过生活，表面上一无所长，家乡人都瞧不起他。

有一天，一群无赖拦住韩信，其中一个说："如果你有胆量不怕死，你就把我杀了；如果你怕死，就从我的裤裆下钻过去，否则绝不和你善罢甘休。"韩信狠狠盯着他，手不自觉地攥紧了，过了许久，他松开手，趴在地上，从那人胯下爬了过去。为此，家乡人更瞧不起他了。

屈辱，可以成为泯灭一个人理想之火的冰水，也可以成为鞭策一个人发奋成功的动力。我们可以非常合理地推测，如果没有这次胯下之辱，韩信还会不会为我们后人所知，还真值得怀疑。韩信的成功，是他没有被屈辱打倒，而是从屈辱中奋起。我们现在已无从知道韩信当时的心理感受，但从文字描述来看，有人认为彼时彼境的他，可能更多的考虑是看到对方人多，他无法胜过对方。而我们则认为他深知"小不忍则乱大谋"，为图将来干大事暂且不在意这种屈辱。

像韩信这种胯下之辱，我们可能亲身经历的不多，但一个人被数人围攻打劫，遭受的屈辱和韩信胯下受辱有相似之处。不同的是，韩信从胯下爬过去后，站了起来，而且站到了人前头，我们更多的人是爬了过去，却没有站起来或站起来却永远地弓着腰。

遭受屈辱对韩信来说变成了好事。而对更多的人来说，却是一件坏事，沉甸甸地坠在心底，就像邪恶的痛苦种子，种在心底幸福的土壤中，随时都会伸出它恶毒的牙齿，刺一下你的幸福。

心理学家认为：人有三大精神能量源——创造的驱力，爱情的驱力，压迫、歧视的反作用驱力。屈辱就是一种精神上的压迫，屈辱就像一根鞭子，既能鞭策你鼓足勇气，奋然前行，也会鞭打得你鲜血淋淋，体无完肤。而鞭柄，握在你自己手里。

受辱的人，会有 3 种不同的情况：一种情况是像韩信那样从此振作起来，有所作为；一种情况是从受辱的阴影中走出来，但仍然不会有作为；再有一种情况是根本无法从受辱的阴影中走出来，从此萎靡不振、意志消沉，就此破罐子破摔。

善于从屈辱中学习，实在是成就业绩的一个重要因素。记得一位先哲说过，无论怎样学习，都不如他在受到屈辱时学得迅速、深刻、持久。屈辱使人学会思考，体验到在顺境中无法体会的东西；它使人更深入地去接触实际，去了解社会，促使人的思想得以升华，并由此开辟出一条宽广的成功之路。

能够从屈辱中走出来，即使没有像韩信那样的大作为，也是人生的一种成功。

当然，要把屈辱变成成功的动力并不是件容易的事。这里有种方法提出来以供参考："儿子打老子"，用阿 Q 精神胜利法将受辱的不快排遣；设身处地想想比你受辱更大的事例，"原来还有比我更惨的"，以此法来宽慰自己。

风物长宜放眼量，受一时之辱，换得未来个人价值的实现、事业的成功是值得的。

用好的心态来对待嫉妒

何谓嫉妒？嫉妒就是害"红眼病"，就是当一个人发现其他人在某些方面（如金钱、才能、地位、名誉甚至爱情）比自己强时，就会产生一种说不出来的情绪感受，如难受、不舒服、烦恼、痛苦、怨恨，从而竭力想超过他人甚至破坏他人的心理状态。

嫉妒是人类最为常见的一种心理现象，它是一种微妙的情感，强烈而又隐蔽，即使你不愿意承认，它也会时不时地表现出来，但这并不见得是件坏事。心存适当的嫉妒，是不甘示弱的表现，可以转化为自己前进的动力，也可成为超越别人的推力。

比如看见别人在某一个领域获了大奖，或在技术上比自己高出一筹，或在学习上出类拔萃，就会既羡慕又不服气，心里暗下决心，一定要赶上或超过他。有这样的嫉妒心，对于自己和社会未尝不是一件好事。所以不要太计较别人的嫉妒。虽然只是嫉妒的一个表现，但如果由嫉妒而去诋毁和阻拦别人，抱着自己达不到别人也休想达到的想法，这样的嫉妒就有点可怕了。这种的嫉妒就成了灾难的根源。

三国时的周瑜就是一个例子。他嫉妒诸葛亮的智谋，三番五次为难诸葛亮，诸葛亮每逃离一次嫉妒的迫害，就使周瑜的嫉妒增加一分，周瑜最终也因为嫉妒送掉了自己的性命。

成语"二桃杀三士"，讲的是皇帝将两个桃子赐予3个大臣，

3个人都想把桃子据为己有，互不相让，于是决定以决斗定胜负，最后，3个人都死了。

人们通常以为，嫉妒是女人的专利，其实不然，男人同样是嫉妒的受害者。女人容易嫉妒，但女人也容易消除嫉妒，并且当女人嫉妒的对象遭到厄运时，女人会转而同情他；男人的嫉妒则像不断蔓延的毒藤，甚至会使他们失去理智，以报复来平衡自己被扭曲的心。

那么，我们会嫉妒什么样的人呢？亚里士多德有这样一段非常直白的说明——我们嫉妒那些在时间、空间、年龄或声望方面接近我们的人，也嫉妒与我们竞争的对手。我们不会嫉妒那些生活在100年以前的人、那些未出生的人、那些死人、那些在我们或他人看来远低于或高于我们的人。我们恰恰嫉妒那些和我们有相同奋斗目标的人。

我们嫉妒别人，也会被别人嫉妒。别人的嫉妒从反面证明了自己优秀和卓越。不要被嫉妒打倒，如果别人的嫉妒就能把你打倒，这说明你虽然可能是优秀的，却不是最优秀的，尤其是在意志上。

冯骥才写过一篇关于富人区的故事，提到了不同人的嫉妒心态。

刚到美国，一位美国朋友陪他去富人区观光。看着那些千姿百态的房子和庭院，个个幽雅、宁静、舒适，恍若人间天堂。冯先生问身边的美国朋友："你们看见富人们住在这么漂亮的房子里，会不会嫉妒？"这位美国人惊讶地看着他说："嫉妒他们？为什么？他们能住在这里，说明他们遇上了一个好机会。如果将来我也遇到好机会，我会比他们住得还好！"这是一个标准的"老美"式答案，美国人很看重机会。后来冯先生去日本，日本朋友也热情地陪他去看富人区。冯先生又问日本朋友同样的问题，这位日本人想了想，回答道："不会的，如果一个日本人见到别人比自己强，通常会主动接近，以便把他的长处学到手，再设法超过他。"日本人真厉害！回国后，他将同样一个问题问一位南方人时，得到的回答却是："何止嫉妒？恨不得把那小子宰了！"

也可能是文化差异的缘故，相同的嫉妒会导致不同的结果。再看一例：

一家外资企业，由于经营业绩较好，老板决定为员工加工资，增额为100元。但是老板对增资又有一个规定，并非每一个员工都增资，只从每一个小组当中推举出一名。到底谁能增资，由各个小组自己决定。各组的名额很快就报上来了。日本组推选来的是一位技术娴熟资格较老的员工；越南组报上来的是一位工资最少的员工，老板看了很满意；再看韩国报上来的是一位谁都不得罪表现平平的员工，老板也不很在意，既然是各个小组自行决定，所以就尊重大家的意见。这位老板很想知道中国员工小组推举的是什么样的人，可是迟迟不见名单报上来，老板只好亲自去了解情况。跑去一看，才发现他们正为这100元吵得不可开交，每一个人都说自己的技术好，都比别人棒，都不肯让出这100元。最终他们做出这样的一个决定，要求老板给他们每个人增加100元。老板一生气取消了给中国员工组增加工资。

对待嫉妒，要有好的心态和正确的应对方法。如果面对的嫉妒是恶意的中伤，最容易做出的也是最下策的反应就是反唇相讥。因为这样，你会因为别人的无聊，而使自己也变得无聊，中了别人的圈套。智者的做法是："我不如你，这是现实，但是，我可以努力，增强自己的知识和本领，在不久的将来超过你。"

人人都有嫉妒之心，但并非任何人都会被嫉妒所伤，只有那些虚荣心极强、心胸狭窄和贪婪的人，有一定位子又唯恐下级超过自己的人，思想偏执、"夜郎自大"的人，好胜心过盛却存有不良动机的人……只有这些过于嫉妒的人，才会为嫉妒所伤。

将命运把握在自己手中

当我们为渴望已久的东西付出很多的时间和心血，却发现自己依然与它失之交臂的时候，我们便常会想到命运。

命运，一种神秘莫测、若有若无的力量，总是在同我们的执著做无休止的人生游戏。它就像一根无情的指挥棒，全然不顾我们的喜好，把我们推入一个个陌生的地方、危险的领域，让我们的生命起起落落。它又是一张大网，我们被束缚其中，苦苦挣扎，刚刚感到有些光明、有些希望，却又立刻被它毫不费力地拉了回来。

在命运的面前，我们能说什么？无奈、叹息、愤懑抑或是坦然、平静？

当你历经艰难险阻，却发现自己不仅没有到达目的地，反而迷失在路途上时；当你夜以继日地苦读，却总是与理想的学校无缘时；当你辛辛苦苦、兢兢业业地奋斗，换来的却是一无所有时；当你愿意为他赴汤蹈火，而他却毅然决然地离你远去时；当你被突然而来的灾难砸得麻木，几乎没有知觉时，你是否看到了命运朝你做出的狰狞鬼脸？

而当你获得了意外的财富，比如无心而赢得一笔大奖，比如得到丰厚的馈赠，比如突然间由一只"丑小鸭"变为翱翔在天空的"天鹅"，你是否觉得命运实在是一个奇妙的精灵，向你现出了美丽的微笑？

没有一个人能在完全的好运中度过一生，每个人都会遇到坏的命运，都需要面对灾难，只是我们对它的态度不同罢了。

记忆中有很多不敢向命运说"不"的人。伟大的诗人陆游，对于自己深爱着的唐婉，对于他们的幸福婚姻，没敢坚持抗争到底，只因自己母亲不喜欢唐婉，陆游就将自己爱人的幸福、将自己的幸福交给了无情的东风。陆游在向命运低头的同时，也离他的快乐远了更多。尽管他后来明白了这一点，但一切都已晚矣，偌大的沈园，只剩下诗人的叹息："错！错！错……莫！莫！莫！"

虽然我们后人因此而得到两首凄艳哀婉的人间绝唱，但这比之两颗彼此相爱的心所受的煎熬，实在让人不忍卒读。我们更愿意用两首或者更多首的诗，去交换他们的美满爱情。因为，美满的爱情本来就是至高无上的。我们选择"认命"的时候，其实是想逃避现实，因为我们觉得将要面对的是沉重的压力，可是我们忽视了，在"认命"的同时，我们就已给自己背上了更沉的包袱，而且这种包袱，随着岁月的流逝，会使你感到窒息。避得了一时，又怎能躲得过一世？

记忆中也有很多敢于向命运说"不"的人。为我们熟知并景仰的音乐家贝多芬，就经历了非常不幸的命运，正当他的音乐创作进入成熟期时，他的听力急剧衰退，50岁左右，他就再也无法听见自己的音乐了。一个聋子和音乐，几乎是无法想象的组合。很多人都为贝多芬感到惋惜，但他并没有向命运低头，而是凭着自己对音乐的挚爱，用心去聆听、去感受音乐，终于创作出了震撼人心的《命运交响曲》《英雄交响曲》等。这些音乐是用生命谱就的，它象征着贝多芬在命运面前顽强拼搏的精神，也象征着人类在命运面前顽强拼搏的精神。是对命运的不屈从，是对音乐的挚爱，让贝多芬征服了命运，创造出奇迹。

只有不敢去碰的刺蜇人才是最疼的，就像只有不敢走进的黑夜才是最黑的，这有心理的作用，但也是事实。

命运如此，艰难挫折也是如此。

我们选择"抗拒"的时候，就选择了艰难，这种艰难虽然强大，但你一旦选择了它，它就已经开始脆弱了。

欲望太多造成心灵的贫穷

有座山，山里有一个神奇的洞，里面的宝藏足以使人一生享用不尽。但是这个山洞100年才开一次。有一个人无意中经过那座山时，正巧碰到百年难得的一次洞门大开的机会，他兴奋地进入洞内，发现里面有大堆的金银珠宝，他急忙快速地往袋子里装。由于洞门随时都有可能关上，他必须动用很快，并且要尽快离开。

当他得意洋洋地装了满满一袋珠宝后，神色愉快地走出了洞口，出来后却发现帽子忘在里面了，于是他又冲入洞中，可惜时间已到，他和山洞一起消失得无影无踪。

故事很简单，却耐人寻味。

贪婪的人，被欲望牵引，欲望无边，贪婪无边。

贪婪的人，是欲望的奴隶，他们在欲望的驱使下忙忙碌碌，不知所终。

贪婪的人，常怀有私心，一心算计，斤斤计较，却最终一无所获。

古语说："人为财死，鸟为食亡。"人不能没有欲望，不然就会失去前进的动力，但人不能太过贪婪，因为贪欲是个无底洞，你永远也填不满。前苏联教育家马卡连柯曾经说过："人类欲望本身并没有贪欲，如果一个人从烟雾弥漫的城市里来到一片松树林里，吸到清新的空气，非常高兴，谁也不会说他消耗氧气是过于贪婪。贪婪是从一个人的需要和另一个人的需要发生冲突开始的，是由于必须用武力、狡诈、盗窃，从邻人手中把快乐和满足夺过来而产生的。"

一个穷人会缺很多东西，但是，一个贪婪者却是什么都会缺！

贫穷的人只要一点东西，就可以感到满足，奢侈的人需要很多东西也可满足，但是贪婪的人却需要一切东西才能满足。所以贪婪的人总是不知足，他们天天生活在不满足的痛苦中。贪婪者想得到一切，但最终却两手空空。

有一则寓言：

上帝在创造蜈蚣时，并没有为它造脚，但是它们可以爬得和蛇一样快。有一天，它看到羚羊、梅花鹿和其他有脚的动物都跑得比它还快，心里很不高兴，便嫉妒地说："哼！脚越多，当然跑得越快！"

于是，它向上帝祷告说："上帝啊！我希望拥有比其他动物更多的脚。"

上帝答应了它的请求。他把好多好多脚放在蜈蚣面前，任凭它自由取用。

蜈蚣迫不及待地拿起这些脚，一只一只地往身上贴去，从头一直贴到尾，直到再也没有地方可贴了，它才依依不舍地停止。

它心满意足地看看满身是脚的自己，心中暗暗窃喜："现在，我可以像箭一样地飞出去了！"但是，等它一开始要跑步时，才发觉自己完全无法控制这些脚。这些脚噼里啪啦地各走各的，它非得全神贯注，才能使一大堆脚不致互相绊跌而顺利地往前走。这样一来，它走得比以前更慢了。

任何事物都不是多多益善，蜈蚣因为贪婪，想拥有更多的脚，结果却适得其反，脚成了束缚它行动的绳索，代价可谓惨重。

《圣经》上曾经说过，如果你得到的是整个世界，而丧失了自我的生命，那么，你也得不偿失。因贪婪得来的东西，永远是人生的累赘。贪婪轻则让人丧失生活的乐趣，重则误了身家性命。生活的压力越来越大，脸上的笑容越来越少，这或许便是贪婪的代价。

现代社会是一个极具诱惑力的社会，现代是一个欲望膨胀的年代，人们的心里总是塞满欲望和奢求，追名逐利的现代人，总是奢求穿要高档名牌，吃要山珍海味，住要乡间别墅，行要宝马香车，一切都被欲望支配着。

法国杰出的启蒙哲学家卢梭曾对物欲太盛的人做过极为恰当的评价，他说："十岁时被点心、二十岁被恋人、三十岁被快乐、四十岁被野心、五十岁被贪婪所俘虏。人到什么时候才能只追求睿智呢？"的确，人心不能清净，是因为欲望太多，欲望的沟壑永远填不满，人心永不知足，没有家产想家产，有了家产想当官，当了小官想大官……精神上永无宁静，永无快乐。

伟大的作家托尔斯泰曾讲过这样一个故事：有一个人想得到一块土地，地主就对他说，清早，你从这里往外跑，跑一段就插个旗杆，只要你在太阳落山前赶回来，插上旗杆的地都归你。那人就不要命地跑，太阳偏西了还不知足。太阳落山前，他是跑回来了，但人已精疲力竭，摔个跟头就再没起来。于是有人挖了个坑，就地埋了他。牧师在给这个人做祈祷的时候说："一个人要多少土地呢？就这么大。"

人生的许多沮丧都是因为得不到想要的东西。其实，我们辛辛苦苦地奔波劳碌，最终的结局不都是只剩下埋葬我们身体的那点土地吗？伊索说得好："许多人想得到更多的东西，却把现在所拥有的也失去了。"这可以说是对得不偿失最好的诠释了。

其实，人人都有欲望，都想过美满幸福的生活，都希望丰衣足食，这是人之常情。但是，如果把这种欲望变成不正当的欲求，变成无止境的贪婪，那我们无形中就成为欲望的奴隶了。

在欲望的支配下，我们不得不为了权力、为了地位、为了金钱而削尖脑袋向里钻。我们常常感到自己非常累，但是仍觉得不满足，因为在我们看来，很多人比自己的生活更富足，很多人的权力比自己更大。所以我们别无出路，只能硬着头皮往前冲，在无奈中透支着体力、精力与生命。

扪心自问，这样的生活，能不累吗？被欲望沉沉地压着，能不精疲力竭吗？静下心来想一想，有什么目标真的非让我们实现不可，又有什么东西值得我们用宝贵的生命去换取？朋友，让我们斩除过多的欲望吧，将一切欲望减少再减少，从而让真实的欲求浮现。这样，你才会发现真实的、平淡的生活才是最快乐的。拥有这种超然的心境，你就能做起事来不慌不忙、不躁不乱、井然有序。面对外界的各种变化不惊不惧、不愠不怒、不暴不躁。而对物质引诱，心不动，手不痒，没有小肚鸡肠带来的烦恼，没有功名利禄的拖累。活得轻松，过得自在。白天知足常乐，夜里睡觉安宁，走路感觉踏实，蓦然回首时没有遗憾。

古人云："达亦不足贵，穷亦不足悲。"当年陶渊明荷锄自种，嵇康树下苦修，两位虽为贫寒之士，但他们能于利不趋、于色不近、于失不馁、于得不骄。这样的生活，也不失为人生的一种极高境界！

人生好像一条河，有其源头，有其流程，有其终点。不管生命的河流有多长，最终都要到达终点，流入海洋，人生终有尽头。活着的时候，少一点儿欲望，多一点儿快乐，有什么不好？

心灵不被关爱，你就不可能求得快乐；而一旦你的心灵得到关爱，你就可获得无上快乐。说到底：内心的快乐才是永远的。

假如你下决心使自己快乐，你就能够使自己快乐！快乐无需理由，它本身就是理由！快乐无需回报，它本身就是回报！

我国著名作曲家、《让我们荡起双桨》的作者刘炽曾经说过，"忘记恩怨。10岁时的事情，30岁回头再看全是笑话；30岁时的事情，50岁回头再看全是笑话；50岁时的事情，70岁回头再看，仍然是笑话。做人，快乐是最要紧的。我们不是缺少快乐，而是缺少对快乐的发现和感受。"刘炽的豁达溢于言表，深深地震撼了人们。是的，我们太拘泥于一时一事，太在意成败得失，却忽视了寻找其中的乐趣。回过头来想一想，一切犹如过眼云烟，功名利禄、成败得失，这些我们孜孜以求的、渴望可以为我们带来快乐幸福的东西，却是我们寻找快乐之道的绊脚石。

刘炽又讲了一则小故事：一群年轻人到处寻找快乐，但事不遂人愿，就向苏格拉底请教。苏格拉底要年轻人先帮他造一条船，于是年轻人暂时把寻找快乐的事儿放在一边，用了七七四十九天，造成了一条独木船。年轻人把老师请上船，一边合力荡桨，一边齐声唱起歌来。苏格拉底说："你们快乐吗？"年轻人齐声回答说："快乐极了！"就这么简单，苏格拉底帮这群年轻人寻到了快乐。

快乐的最高境界还不是能够发现快乐，而是能够创造快乐。在罗马尼亚，有一个许多人都喜欢去的墓地，因为这墓地里有许多快乐的文字。有一块墓碑上这样写着："广村中我最老，生平喜舞蹈，彼德兄弟俩，放声做伴唱……你们快来看看我，像我这样能够活到96，祝你比我活得老。"这样的墓志铭在这片墓地上有很多，吸引了许多游客驻足。鲜有人迹的墓地成了游览景点，是墓地管理者始料不及的。而创造这些快乐的人活着时多是些农民、贫困者甚至是乞丐，他们生前为自己制造了快乐，死后又给世人带来了快乐。

从前人们碰到一起，打招呼时就说：吃了吗？

后来改成了：你好！

今天相逢，在相当一部分人口中，又变成了：活得快乐点儿！

由物质到精神，关怀的内容发生了本质的变化。

然而，快乐的理由呢？在对一些女士的调查中，所得到的回答差不多都是：享受生活呀。不同的是她们各有各的理由。

一位老太太，已老到连走路都不能自如的境地，还坚持在景山公园的台阶上，一级一级地往上蹭。她脸上阳光灿烂：这是我每天最快乐的事呀。

一位女士，整天忙碌在办公室，无非打印个文件，收收发发，很琐碎，往身后一看什么都留不下。可一到休息日，她就闲得发慌，因而总深有感触地说：工作能使我快乐。

一个操劳了一辈子的母亲，不穿金，不戴银，不吃补品，每日依然辛劳不辍，她笑呵呵地对人们说：全家平平安安比什么都让我快乐。

一个下岗女工：谁能给我一份工作，我可就乐死了。

一个小保姆：主人家信任我，不见外，我就觉得快乐。

一个小女生：哎呀呀，星期天早上能让我睡够了，最快乐！

生活是世界上最难的一道题，复杂得永远解不清；可是生活又简单得像一颗透明的水滴，一首诗、一支歌、一朵小花、一片绿叶……很容易就能让我们快乐起来。

快乐是真实的，是发自内心的，除非获得你的允许，否则没有人能够令你苦恼。

你每天都应该记住：快乐是你赠送给自己的礼物，不是某个节日的点缀，而是整年的喜悦。

传说在天堂上的某一天，上帝和天使们召开了一个头脑风暴会议。上帝说："我要人类在付出一番努力之后才能找到幸福快乐，我们把人生幸福快乐的秘密藏在什么地方比较好呢？"

有一位天使说："把它藏在高山上，这样人类肯定很难发现，非得付出很多努力不可。"

上帝听了摇摇头。

另一位天使说："把它藏在大海深处，人们一定发现不了。"

上帝听了还是摇摇头。

又有一位天使说："我看哪，还是把幸福快乐的秘密藏在人类的心中比较好，因为人们总是向外去寻找自己的幸福快乐，从来没有人会想到从自己身上去挖掘这幸福快乐的秘密。"

上帝对这个答案非常满意。

从此，这幸福快乐的秘密就藏在了每个人的心中。

第三章

静下来，就会明白快乐的真谛

　　没有一种生活是完美的，也没有一种生活会让一个人完全满意。如果抱怨成了习惯，就像搬起石头砸自己的脚，于人无益，于己不利，生活就成了牢笼一般，处处不顺，处处不满；反之，则会明白，自由地生活着，本身就是最大的幸福，哪有那么多的抱怨呢？

快乐藏在当下的生活中

童年时，我们都玩过积木。积木在不同的孩子手中，可以拼出不同的造型，可以说是千姿百态，千变万化。但不管怎样去拼积木，总是有缺陷，设计好一种造型后，觉得不完美，于是又重新去拼，结果，还是有不满意之处，于是又继续下去……做人就像拼积木一样，达到一个目标、实现一个想法之后，总觉得还有这样或那样的缺憾，于是又去找想象中的那种圆满。一生总是不停地在寻找，但总是未能如愿，最后，许多人都是带着一丝遗憾离开了世界。

其实，十全十美在现实生活中是很难找到的，这种完美之事只存在于人们的想象当中。而且人的美好并不完全取决于完美无缺，而恰恰是因为有缺憾之处才会有追求和拼搏，才会使自己的生命分外多彩起来。大多数人都知道断臂的维纳斯塑像，她的断臂当然不是雕塑家的初衷，而是从地下挖掘出来时无意中给碰掉的，可是人们却惊讶地发现她是如此之美。也许这种美恰恰就在于她的残缺——失去双臂，这就是残缺美。失去也是得到，有缺憾的地方正好给人们留下了广阔的想象空间。没有最好，只有更好，有志者总是在这样的信念下不断追求。要做到这一点，就要打开两扇心灵窗户，只开一扇窗户，就会视野狭隘，使自己变得孤陋寡闻，只能看到比自己逊色的人；多打开一扇窗，眼前就会变得豁然开朗，不仅会欣赏到自然美景，而且还会接触到智慧和才能比自己更优秀的人。

从前，一个圆圈缺了一块楔子。它想保持完整，便四处寻找那块楔子。由于不完整，所以它只能慢慢地滚动。一路上它对花儿露出美慕之色，它与虫子谈天说地，还享受到阳光之美。圆圈找到了不同的楔子，但没有一块与它相匹配。所以它将它们统统置于路旁，继续寻找。终于有一天，它找到了一块完美的配件。圆圈非常高兴，认为自己真的是完美无缺了。它装好配件，并开始滚动起来。现在它已成为一个完美无缺的圆圈，所以滚动得非常快，路边的野花难以欣赏，也无暇和小虫子说话。当它意识到因自己的快速奔跑而要失去原有的世界时，不禁停了下来，将找到的配件弃之路旁，又开始慢慢地滚动起来。

从某种意义上讲，当我们失去一些东西的时候，反而更加完整，一个拥有一切的人，其实在某些方面是一个穷人，他永远体会不到什么是渴望、期待以及如何用美好的梦想来滋养自己的灵魂，他永远也不会知道一个爱他的人给他送来某种梦寐以求的或者未曾有过的东西意味着什么。

做人的完整性，在于知道如何面对缺陷，如何勇敢地摒弃不现实的幻想而又不以此为缺憾。做人的完整性还在于学会勇敢地面对悲剧而继续生存，能够在失去亲人后依然表现出完整的个人风范。做人不是上帝为谴责我们而给我们布下的陷阱。做人也不是一场拼字游戏比赛，不会因为出现一个错误，就使你前功尽弃。做人更像球赛，即使最好的球队，也会有输掉的时候，最差的球队也会有春风得意的时候。因此我们的目标就是多赢球，少输球。当我们接受不完整是人类本性的一部分时，当我们不断地进行人生创造并能欣赏其价值时，我们就能获得其他人渴望的完整人生。

这就是对我们的要求：不求完美，也不求不犯错误，而是求得做人的完整。

金钱的真正意义

如今这个社会，金钱虽不是万能的，但，没有钱却是万万不能的。谁不计较钱？

钱这个东西，犹如闷热夏季的风，求之极难，去之却快。拥有的时候，咱也可以下馆子时，"排出几文大钱"，叫道："小二，拿酒来！"这种快慰平生的感觉，直叫人觉得不枉来世上一场。

在你有钱的时候，你也许会不觉得什么，"我不计较钱"的豪言壮语往往冲天而出；可一旦没有钱，遭的那个罪，真是一言难尽。谁没有过"一文钱难倒英雄汉"的经历？在你出门吃完饭结账时，一摸口袋，才发现出门换了衣服，匆忙间忘记装钱了。在这种时候，你敢说你不计较钱？

钱带给人的好处多得说不完。当商品交换发展到以货币为媒介，并在某种程度上用来衡量人的价值的时候，金钱的魅力越来越大，开始成为众多人追求的对象，有人深信"有钱能使鬼推磨"，为此不惜铤而走险。

不管现代生活是怎样地需要金钱，我们教育子女时，仍然千方百计地使他们相信，工作和兴趣才是一切，金钱，应该是附带的东西。事实上，我们忽视了：这种附带的金钱同时又是必不可少的。

陶渊明之所以"不为五斗米折腰"，回归山野"采菊东篱下，悠然见南山"，是因为他还可以租种两亩薄田，"把酒话桑麻"。到最后生活潦倒时，他也哀叹生活之艰辛，你说他计较不计较金钱？

一个计较金钱的人，并不表明他浑身都是铜臭味。计较金钱的人，大多数都懂得怎样去花钱。获取金钱并不是人的目的，得到自己所需要的东西，才是金钱的真正意义。

金钱用它独特的方式体现着一个人的价值。"劳有所获"，人在获得金钱的同时，也获得了社会的认可和尊重。

计较金钱的人，也有许多知道该怎样去挣钱。君子爱财，取之有道。靠自己的聪明智慧、能力和技术挣来的钱是光荣的，内心也是坦然的，也懂得爱惜自己的钱财。

计较和吝啬是两码事。"计较"，说明这个人心里能够认识到钱的价值所在，说明他可以驾驭它，做它的主人。"吝啬"，说明这个人"太计较"，聚集金钱成了他此生此世的唯一目的，"不择手段"成为他为人处世的唯一信条。他在世上所有活动的目的，除了赚钱，还是赚钱。这种人只是"金钱的奴隶"。

沉溺于物质享受的人，势必要放弃许多精神上的自由和心安理得的快乐。花掉所得的钱，换来维持自己生命所需的商品，满足自己精神享受的快乐，这才是做金钱的主宰。

只相信金钱力量的人，最后会败给金钱。相反，金钱买不动的人，别人永远无法将他征服。

放得下，你才会幸福

有一位老太太生病了，她没事总唠叨着"完了，完了"，结果身体越来越差，原来不太重的病，反而越来越厉害。相反，另一位老人已然得了癌症，但她想得开，反正都活了快80岁了，死了也值了，管它呢。越是这样想，老人越精神振奋，每天照样拄着拐杖到处去玩、去转，一年多下来，病情并未恶化。

从健康的角度讲，得病是很正常的，人吃五谷杂粮，不得病怎么可能呢？但是也很奇怪，有些身体极差的人群，反倒活得很健康，而有些条件很好的人，反倒得了病。原因何在呢？答案是：凡事放不下的人，最容易染病，而凡事放得下的人也最心宽体胖。难道不是吗？

年过八旬的吴阶平教授在谈及精神养生时介绍的一条主要经验就是"不把悲伤的事放在心上"。他认为"人生不如意的事十常八九"，总要想得开，以理智克制感情。著名学者季羡林老教授的养生经验是奉行"三不主义"，其中有一条就是"不计较"。这都体现了"放得下"的心理素质。

在现实生活中，"放不下"的事情实在太多了。

奥运会上，有许多运动员患得患失放不下，本来挺有能力夺冠，结果反倒丧失了机遇。而有些人一切都放得下，原本没有能力夺冠，反倒发挥超常，一举夺冠。

生活中，有些人总想什么都得到，凡事都非常放不下，结果越是放不下，越得不到。而有些人凡事都随遇而安，不但可以绝处逢生，而且能够抓住机遇，获得意想不到的成就。

还有比如子女升学啦，家长的心就首先放不下；又比如老公升职或者发财啦，老婆也会忐忑不安放不下心，怕男人有钱变坏了；再如遇到挫折、失落或者因说错话、做错事而受到上级和同事指责，以及好心被人误解受到委屈，于是心里总有个结解不开，放不下，等等。总之有些朋友就是这也放不下，那也放不下，想这想那，愁这愁那，心事不断，愁肠百结。

"文革"期间有位从部队调到地方工作的师级干部，他因不服"四人帮"横行，而被打成"老右派"。当时批判他的大字报铺天盖地。但这位干部也真绝，在大热天居然披着棉大衣去看大字报。别人以为他"发寒热"，他却幽默地说："这就叫心定自然凉。"有位著名演员在受审查的"牛棚"里，不但说笑如常，而且还自编了一套"牛棚健身法"锻炼身体，年过八旬照样到戏曲沙龙引吭高歌。这是多么的放得下啊！这些都是特殊情况下特殊人物的特殊放得下。

在通常情况下，"放得下"主要体现在以下几方面：

财能否放得下。李白在《将进酒》诗中写道："天生我材必有用，千金散尽还复来。"如能在这方面放得下，那可称是非常潇洒的"放"。

情能否放得下。人世间最说不清道不明的就是一个"情"字。凡是陷入感情纠葛的人，往往会理智失控，思绪繁杂，剪不断，理还乱。若能在情方面放得下，可称是理智的"放"。

名能否放得下。据专家分析，高智商、思维型的人，患心理障碍的比率相对较高。其主要原因在于他们一般都喜欢争强好胜，对名看得较重，有的甚至爱"名"如命，累得死去活来。若能对"名"放得下，就称得上是超脱的"放"。

愁能否放得下。现实生活中令人忧愁的事实在太多了，就像宋朝女词人李清照所说的："才下眉头，却上心头。"忧愁可说是妨害健康的"常见病，多发病"。狄更斯说："苦苦地去做根本就办不到的事情，会带来混乱和苦恼。"泰戈尔说："世界上的事情最好是一笑了之，不必用眼泪去冲洗。"如果能对忧愁放得下，那就可称是幸福的"放"，因为没有忧愁确是一种幸福。

宠辱不惊，看庭前花开花落；去留无意，望天上云卷云舒。让我们一起来学会"放得下"，以此来增强我们的幸福感吧。

看开，所以快乐

第一个故事：

一个人坐在轮船的甲板上看报纸，突然一阵大风把他新买的帽子刮落大海中，只见他用手摸了一下头，看看正在飘落的帽子，又继续看起报纸来。另一个人大惑不解："先生，你的帽子被刮入大海了！""知道了，谢谢！"他仍继续读报。"可那帽子值几十美元呢！""是的，我正在考虑怎样省钱再买一顶呢！帽子丢了，我很心疼，可它还能回来吗？"说完那人又继续看起报纸来。

第二个故事：

一位70多岁的日本老先生，拿了一幅祖传古画上电视节目，要求宝物鉴定团的专家做鉴定。据老先生去世的父亲生前说，这幅画是名家所作，价值数百万。老先生自己不懂，因而想请专家加以鉴定。结果揭晓，专家认为它是赝品，连一万日元都不值……主持人问老先生："您一定很难过吧？"这位来自乡下的老先生脸上的线条变得无比柔和与憨厚，微笑着说："啊，这样也好，不会有人来偷，我可以安心地把它挂在客厅里了。"是啊，失去有时反而让我们得到了轻松！

的确，一切看开了，失去的已经失去，何必为之大惊小怪或耿耿于怀呢？

第三个故事：

小李的钱包被盗了，不光是钱不见了，里面还有他的身份证，这让他愁眉不展，要知道他的户口在邢台，而他在北京打工，办身份证还要来回跑，挺麻烦的，以致这几天他心情都不好。

不过，这样的心情没有持续很久，一位朋友的话让他顿悟，心情也随之好转。朋友对他说："钱包已经不见了，你再怎么想，也不可能重新出现在你的面前。钱丢了事小，如果好心情没了，影响你的情绪，让你忧伤，让你不安，这会影响你的食欲，影响你的健康，就太不值得了。身份证办起来是很麻烦，却能让你多回家几次，增加了与家人的沟通，这也是一件挺好的事情呀！"朋友的话让他反思了很久。如果换一个角度来思考问题，生活中又有什么让你感到烦恼的事情呢？

世事难以预料，倒霉和不幸的事谁也不想发生，但如果已经发生了，你应怎样去面对呢？生活的挫折和磨难来临时，我们应以一颗乐观、豁达、健康的平常心面对，这样生活会美好得多。

许多人都有过丢失某种重要或心爱之物的经历：比如不小心丢失了刚发的工资，最喜爱的自行车被盗了，相处了好几年的恋人拂袖而去了等等，这些大都会在我们的心理上投下阴影，有时我们甚至因此而备受折磨。究其原因，就是我们没有调整心态去面对失去，没有从心理上承认失去，只沉湎于已不存在的东西，而没有想到去创造新的东西。人们安慰丢东西的人时常会说："旧的不去，新的不来。"事实正是如此，与其为失去的自行车懊悔，不如考虑怎样才能再买一辆新的；与其对恋人向你"拜拜"而痛不欲生，不如振作起来，重新开始，去赢得新的爱情。

人世间就是有许许多多自己制造的烦恼。烦恼是很不讨人喜欢的词，因为它令我们感到无助、劳累。

人生总是在不断地失去和拥有。拥有快乐，失去烦恼；捡到幸福，丢掉悲伤。不管将来你要怎样选择，最重要的是自己能够开心地面对。

生活中，我们难免失去，如果失去一些东西之后，我们再失去快乐的心情，岂不是失去更多了？

荣启期在泰山，悠哉游哉，鼓琴而歌，孔子路过，就问他为何这样快乐？

荣启期回答道："天生万物，惟人为贵，我得为人，何不乐也？"

正如荣启期所说，生而为人即是一种快乐，快乐是人生的主题。只要我们用心去体会，用豁达的胸怀去面对人生，以饱满的热情去面对生活，就能快乐度过每一天。

仔细品味生活中的快乐

爸爸问女儿："你快乐吗？"女儿答："快乐。"

爸爸让女儿试着举例，女儿说："比如现在呀。"当时是晚饭后，他陪女儿一起登上楼顶，仰卧观天上的星星。这只是一件平常的小事，我们差不多每个人小时候都有类似的经历。

爸爸让女儿再举例，女儿说比如妈妈爱用茶叶水洗枕头，每晚睡觉时都有淡淡的茶叶香味。还有妈妈在刚刷完油漆的屋子里放些菠萝，风一吹整个屋子就充满了芳香的菠萝味了。

这些本是生活中极其平常的小事，谁也无心去在意这些，尤其是成年人，更是难得有这样的快乐体味，只能到遥远的童年去寻找这样的感动。

这段故事是收音机曾经播出的，听完之后，我萌生了一种感动。生活中原来时时刻刻充满了快乐，这快乐来自生活的细枝末节，只要用心去品味，快乐同样有色香味，同样可观可闻可吃可品。

　　有这样一个故事：一个欲离婚的女子厌烦了现有的琐碎生活，她一直对其外祖母的快乐和谐生活充满好奇。有一天她终于忍不住打开了外祖母的日记，原来里面记录着外公为她洗了多少衣服，吻过她多少次，洗过多少次脚……相信任何人读到此处都会吃惊，原来生活中的琐碎小事便是快乐的源泉。

　　生活是由一件件琐碎之事连缀而成，这根线上的点点滴滴都融汇着快乐的纽扣。品味着细琐的每一点每一滴，你会觉得生活更加丰富多彩。

　　品味生活要多想些美好之处。因为生活毕竟不是只有鲜花，不是时时充满阳光。我们要想成功地走出郁闷和哀愁，就要多思考生活中美好的一面，从中品味幸福。比如下班回到家，妻子已经做好了可口的饭菜，这就是一种快乐，不要因为她时常埋怨而烦恼，也不要因为她的心胸狭窄而自怨自艾。再如，生病了，同事都拿着礼物来看望你，应该感谢他们对你的关心，而不能过多考虑他们是否怀有其他目的。

　　一滴水珠可以折射太阳的光辉。品味生活的快乐要从小处着眼，不要因为事情小而忽略了别人对你的关爱。你上班迟到了，同事帮你打扫了地板，擦干净了桌子；下雨了，有人将伞伸到你头顶的领空与你共享；当你向朋友借钱，哪怕发生屠格涅夫《兄弟》中的"我"遇乞丐的情景也无所谓。所有这些都是生活的一部分，都值得我们深深地怀恋，让我们感动。

　　收获与付出往往成正比。我们在品味别人给我们带来的一些便利时也要想到去给予。其实，给予别人快乐也是一种快乐。给予快乐，你就会收获快乐，因为你为自己创造了快乐。生活是被快乐包围着的，只要我们用心去品味，我们就会时时感受到快乐。

怨天尤人会损耗你的幸福

倘若我们无法改变面前的事实，那我们为什么不改变存在于我们心中的那份心情？

不自信的人喜欢怨天尤人，认为别人的运气总比自己好。自己之所以不顺心，原因全在没有运气，或在他人没有全力支持，而根本不从自己身上找根源。

喜欢怨天尤人的人，总有他的理直气壮之处。工作升迁的机会被别人抢去了，他会抱怨领导没有识人之才，真是有眼无珠；事业关键的时候，突然身体生病了，他会抱怨老天爷怎么这样惩罚自己；女友离他而去的时候，他会抱怨这个女人真是水性杨花，从来不想自己是不是也有责任；朋友很长时间不联系了，他会抱怨："该死的，是不是把我给忘了？"……

习惯埋怨和责备他人的人自感无能，于是设法通过贬低他人来抬高自己。怨天尤人到极致就是愤世嫉俗。但愤世嫉俗不但不为别人喜欢，甚至也会使你不再爱自己。此种态度的养成，多半是因你在某处失败了而找个理由来弥补。例如你对婚姻不忠实，却把责任推到对方身上；你在商业上不能坚持操守，却硬说这世界本来就是个自相残杀的地方，根本没有老实人。愤世嫉俗不但会使你的行为脱离正轨，更糟的是，你还会用它来掩饰自己的过错。如果你每次都对外在的一切嗤之以鼻，你就会更相信所有的人——包括你自己——做什么事都令人失望。

生活中，任何一个微小的不如意，都值得他抱怨一场，整天跟个怨妇似的，跟这样的人生活在一起，简直是一种折磨。

而自信有朝气的人，面对生活的不幸则完全是另一种态度。

有一位女士，失业、离婚，之后又得了子宫肌瘤做了大手术，但你从她的脸上看不到任何怨气。她总是一脸阳光，灿烂的笑让人以为她是那种春风得意的女子。

她就这样微笑着渡过了人生中的一个又一个难关。下岗了，她没有哭丧着脸怨天尤人，而是坚强地接受命运挑战，她很快自己开了一间美容院，不仅把许多女人变得更美丽，也把自己打扮得很时尚。离婚了，她也没和许多人诉说，她说，当一个祥林嫂似的人物只能让人更加可怜，更让人想不到的是，她居然说婚姻的裂缝绝对不是一个人撕开的，想必自己也有责任。很快，她找到了自己的新爱情。即使做了那样大的一个手术，她亦是很坦然地说："这下，我感觉到了生命的美好，所以，必将更加珍惜每一天。"

请相信，被称作"运气"的东西，是公平地分配给我们每一个人的。我们每一个人都在为自己创造运气。假如你认为自己的运气不好，是因为你努力的方法不对。

现实与理想有时相距甚远，当我们宏伟的目标被残酷现实击穿的时候，不要哀声叹气，不要怨天尤人，更不要就此沉沦，而要笑对人生，笑对生命，只争朝夕，奋发图强，改变人生轨迹。只有这样，展现在自己面前的才是一派山清水秀、桃红柳绿的景观。诚然，生命对于我们每个人都只有一次，每个人都在其中不停地耕耘，不停地收获。然而，付出与收获也并不是不变的正比关系，不要看重付出，也无须奢求收获，付出并不意味着失去，收获也并不表明得到，重要的在于过程，在于你如何自豪地充实每一天、每一个过程，而这个过程不正是一个很好的圆吗？我们的一生本身就是一个圆，从出生开始我们就意味着要以死亡收尾，留在世上的也只是我们所走过的路程。在这纷繁的尘世中能够留下点滴痕迹，也不枉在这世上走一回。

　　朋友，倘若我们无法改变面前的事实，那我们为什么不改变存在于我们心中的那份心情？生命既然赋予了我们如此美好的人生，它的意义、它的本质也许就是需要我们鼓足勇气，走上那份属于自己的人生之路！让我们在漫漫的人生征途上，永远笑对生命！

第四章

为何不用微笑去面对当下的生活

在这个世界上，有许多事情是我们所难以预料的。我们不能控制际遇，却可以掌握自己；我们无法预知未来，却可以把握现在；我们不知道自己的生命到底有多长，却可以安排当下的生活；我们左右不了变化无常的天气，却可以调整自己的心情。只要活着，就有希望。别跟自己过不去，每天给自己一个希望，就算人生不够完美，也要微笑着去唱失意生活的歌谣。

坎坷是人生最宝贵的财富

人们都希望自己的生活中能够多一些快乐，少一些痛苦，多一些顺利，少一些挫折，可是命运似乎总爱捉弄人、折磨人，总是给人以更多的失落、痛苦和挫折。

有这样一则故事：草地上有一个蛹，被一个小孩发现并带回了家。过了几天，蛹上出现了一道小裂缝，里面的蝴蝶挣扎了好长时间，身子似乎被卡住了，一直出不来。天真的孩子看到蛹中的蝴蝶痛苦挣扎的样子十分不忍。于是，他便拿起剪刀把蛹壳剪开，帮助蝴蝶脱蛹出来。然而，由于这只蝴蝶没有经过破蛹前必须经历的痛苦挣扎，以致出壳后身躯臃肿，翅膀干瘪，飞不起来，不久就死了。这只蝴蝶的欢乐也就随着它的死亡而永远地消失了。这个小故事也说明了一个道理：要得到欢乐就必须能够承受痛苦和挫折。这是对人的磨炼，也是一个人成长必经的过程。

人生在世，都会遇到厄运，适度的厄运具有一定的积极意义，它可以帮助人们驱走惰性，促使人奋进。因此厄运又是一种挑战和考验。我们的生活因厄运而变得丰富多彩，我们的性格因坎坷而锤炼得成熟。厄运来临——与厄运挑战——在战斗中升华自己，这就是逆境与厄运的意义所在。

人生重要的不是拥有什么，而是经历了什么，任何坎坷的经历都是一种宝贵的人生财富。

英国哲学家培根说过："超越自然的奇迹多是在对逆境的征服中出现的。"关键的问题是应该如何面对厄运与不幸。

最高的境界是在逆境中学会微笑。

要在逆境中学会微笑却相当不易……挫折、落魄、失败，有几个人能看透？又有几个人能够做到从容以对？

逆境中的微笑可以让人心平气和，不急不怒，能让人仔细分析所处困境，理清思路，找出解决办法，顺利渡过难关。在不利局面下能保持微笑会给竞争对手以极大的心理压力，此时的微笑会让对手心惊胆战，不寒而栗。顺境中的微笑也可以让人保持心态平静，戒骄戒躁，可以让人看清鲜花丛中的荆棘，看到阳光道上的陷阱，使人头脑清醒，继续勇往直前。

弗洛伊德认为，人的性格在幼年时期就已经定型，而且会影响人的一生，日后改变的可能性微乎其微。林克却否定了他的这种说法。

林克身为犹太裔心理学家，二战期间被关进纳粹集中营，遭遇极其悲惨。他的父母、妻子和兄弟均死于纳粹的魔掌，唯一的亲人只剩下一个妹妹。他本人更是受到严刑拷打，朝不保夕。

有一天，他赤身独处于囚室，忽然之间顿悟，产生了一种全新的感受——日后命名为"人类终极的自由"。当时他只知道这种自由是纳粹德国永远也无法剥夺的。从客观环境上来看，他完全受制于人，但自我意识却是独立的，超脱于肉体束缚之外。他可以自行决定外界的刺激对自身的影响程度。在刺激与反应之间，他发现自己还有选择如何反应的自由与能力。

他在脑海里设想各式各样的情况。譬如，获释后将如何站在讲台上，把在这一段痛苦折磨中学得的宝贵教训，传授给自己的学生。凭着想象与记忆，他不断锻炼自己的意志，直到心灵的自由终于超越了纳粹的禁锢。他的这种超越也感染了其他的囚犯，甚至狱卒。他协助狱友在苦难中找到意义，寻回自尊。处在最恶劣的环境中，林克运用难得的自我意识，发掘了人性中最可贵的一面，那就是人有"选择的自由"。这种自由来自人类特有的四种天赋。除了自我意识，我们有"良知"，能明辨是非和善恶；还有"想象力"，能超出现实之外；更有"独立意志"，能够不受外力影响，自行其是。

林克在狱中发现的人性准则，正是我们营造自制自立人生的首要准则——自由意志。自由意志的含义不仅在于采取行动，还代表人必须为自己的行为负责。个人行动取决于个人本身，而不是外在环境。理智可以战胜情感，人有能力、也有责任创造有利的外部环境。

当我们对外部环境无能为力时，也不要放弃，而要培养自我的心灵自由，将自我引向积极和美好的一面。始终在内心积聚力量，等待时机，最终为自己赢来好的外在环境。

生活总是这个样子，想美好的事情，你就会找到快乐，走向成功；想失意的事情，就会走向失望的深渊，无力面对生活，无力面对失败！

人有选择的力量。选择健康、快乐和幸福，你的潜意识就会接受，并使你成为这样的人；选择做一个健康、快乐、友善的人，整个世界就会跟着发生好的反应。

感谢逆境的磨砺

在苏格兰有一段路，边上就是悬崖，所以人们称之为"黑暗里程"。在生活中，我们迟早也要走过这样一段黑暗而危机四伏的路程。

人生的际遇会像朝阳一样可喜，也会像恶魔一样恐怖。可能在某一时期，你万万想不到会一下子时运不济，处处遭遇打击，被人误解污辱，压榨欺凌，如遇猛虎。更惨的是，有时厄运如同车轮，在你的头上轧过，它若无其事，你备受折磨。

到了世途艰险、日夜不安的时候，我们该怎么办？单单说要行为正直善良还不够。当我们饱经忧患，四肢乏力，不能支持下去的时候；当我们历尽艰险、无法逃遁的时候；当我们的所爱所恋被剥夺的时候；或者当我们智穷计尽、丧失信心的时候，我们该怎么办？

英国政治家兼政论家爱德蒙·培克晚年时，他的儿子不幸逝世，他的身体本来就很孱弱，当时英国也似乎已丧失了其一脉相承的传统精神，文化传统仿佛就要瓦解。所以他大声疾呼："不要绝望，即使你觉得绝望，仍要在绝望中继续为成大事的目标工作下去！"他的确做到了不放弃、不颓丧、不屈服，仍在绝望中继续为成大事的目标工作。而另外一位处于困境中的人说："坚持下去，我们的确会得到帮助。"就这样，在不得不觉间，坚忍自然产生了力量。

虽然英国政治家培克怀着丧子之痛，可是乌云终会散开，时势也会转变。时间的确可以治愈许多人心头的创伤，它也会改变许多事情，因而能使我们心头沉重的负担得以减轻。

约翰在威斯康辛州经营一座农场，当他因为中风而瘫痪时，就是靠着这座农场维持生活。

由于他的亲戚们都确信他已经是没有希望了，所以他们就把他搬到床上，并让他一直躺在那里。虽然约翰的身体不能动，但是他还是不时地在动脑筋。忽然间，有一个念头闪过他的脑海，而这个念头注定了要补偿他不幸的缺憾。

他把他的亲戚全都召集过来，并要他们在他的农场里种植谷物。这些谷物将用作一群猪的饲料，而这群猪将会被屠宰，并且用来制作香肠。

数年间，约翰的香肠就被陈列在全国各大商店出售，结果约翰和他的亲戚们都成了拥有巨额财富的富翁。

出现这样美好结果的原因，就在于约翰的不幸迫使他运用从来没有真正运用过的一项资源：思想。他订立了一个明确目标，并且制订了达到此目标的计划，他和他的亲戚们组成智囊团，并且以应有的信心，共同实现了这个计划。别忘了，这个计划是因为约翰中风才出现的。

当你遇到挫折时，切勿浪费时间去算你遭受了多少损失；相反，你应该算算看你从挫折当中，可以得到多少收获和资产。你将会发现你所得到的，会比你所失去的要多得多。

你也许认为约翰在发现思想力量之前，就必然会被病魔打倒，有些人更会说他所得到的补偿只是财富，而这和他所失去的行动能力并不等值。但约翰从他的思想力量和他亲戚的支持力量中，也得到了精神层面的补偿。虽然他的成功并不能使他恢复对身体的控制能力，但却使他得以掌控自己的命运，而这就是个人成就的最高象征。他可以躺在床上度过余生，每天只为自己和他的亲人难过，但是他没有这样做，反而带给他的亲人们想都没有想过的财富。

长期的疾病通常会使我们不再看，也不再听。我们应该学习去了解发自内心深处的轻声细语，并分析出导致我们遭到挫折甚至失败的原因。

凡是不能成大事者，都有一个通病，即在失败、挫折面前一蹶不振，从而在任何事情面前都没有信心，甚是脆弱得像一棵小草。他们经常说的一句话是："啊！我没有能力做这件事，真的，我好怕。"这种话，除了给自己留一条路时刻打退堂鼓、为自己的失败寻找借口之外，没有任何积极的意义。

在与成大事者交往的过程中，你会发觉他们拥有一个共同特点——心思巧妙。这些人中虽有受过良好教育者；但未接受教育者也大有人在。而赋予他们如此之心思和完成大事的主要因素，与是否接受过正式学校教育没有丝毫关联，他们也并非具有与众不同的智慧。很可能是其内心有着某种意念驱使他们产生了强烈的愿望，将人生一切不幸加以过滤，只剩下能够达成信念、深具利用价值的事物，然后再加以运用的结果吧！这种理念亦即追求成大事的意志。

对一个由弱到成大事的人而言，他始终在克服自己生存的劣势，发挥自己生存的优势——每天都是新的一天，不要把过去的悲伤、痛苦带到今天来。每天都是一个新的开始，每个早晨都是重新被创造出来的世界。

重视今天就等于重视自己的生存现状，而把应该做的事拖延到以后才做，就等于不重视自己的生命。把握住现在的一切，并且好好地走下去，也就是把时时刻刻出现在自己生命里的"现在"充分地活用下去的意思。如果无法做到这点的话，我们可能会失去一切。

把从过去到此刻为止所有令你苦恼、悲伤或失败的事，都作为上天恩赐的礼物吧。当清晨天明时就去面对一个崭新的挑战，抹掉旧的悲伤和过去的罪恶，那些未来可预知的痛苦也要完全擦拭掉。虽然过去是失败的连续，但不管过去怎样，也不管将来可预想到的阻碍是什么，我们都必须把握今天，勇敢又坚强地发挥自己的优势，把成大事者的天梯搬到自己的面前。

一定要相信自己的感觉

小镇上有一个漂亮的女孩子，从小家境贫寒，所以长大了她立志要嫁个有钱的男人。

　　托上帝的福，她如愿以偿了。丈夫是当地最年轻的副县级干部，并一路顺风地继续进步着。小两口从小屋搬到了大屋，从平房搬到了楼里。那位年轻漂亮的女孩在人们的赞叹和艳羡的目光中快乐地生活了一年又一年。只是最近聪明的邻居发现女孩变得忧伤了起来，因为年过30的她一直没有小孩。事实上，女孩在结婚的第二年怀孕了，只是因为大夫说是女孩，她便毅然打掉了孩子。也许还年轻，也许她认为自己会生一个和丈夫一样出色的男孩……不知是否她的举动触怒了神灵，总之，该来的始终没有来。每次路过幼儿园，女孩都会停下来，和忙碌的家长分享一会儿为人父母的幸福。为此，她在全国各地接受了数十次的手术，但最终还是没有实现当母亲的愿望。她说："如果我能有一个自己的孩子，不论男女，我都可以为他付出一切。有时，我甚至羡慕那些抱着娃娃在街上乞讨的流浪女人……"

　　常言道：当幸福降临时，请善待它。这位可怜的女人是否应该受到过多的指责暂且放在一边，但她的故事总让人感到太多的遗憾。那些已为人父母的和即将为人父母的人们一定会有更深的感悟。

　　古人说得好："花开堪折直须折，莫待无花空折枝。"忽视了自己眼前拥有的东西，当花谢残红，你只能看到飞红万点而惆怅悲伤，任泪眼问花，得到的却只是枝头一片空寂的沉默。珍惜拥有的幸福，才不会让自己觉得失落，才不会觉得生活的原野一片荒芜。

　　其实，羡慕乞丐的远不止女孩一人。我有一个同学，热衷于买彩票，做梦都想变成富翁，去年竟误打误撞，中了500万。消息不胫而走，亲戚、朋友、三乡四邻、八竿子打不到的人都来看他，名义上是来祝贺，实际上都是来借钱的。有的没达到目的，甚至扬言要用武力。最后逼得他一家子不得不离开故乡，跑到大城市里隐姓埋名。他所热爱的老家那几亩水田，那几头快下犊子的奶牛，以及养育了他家世世代代的老木屋……都只能在梦里出现了。

他和自幼生活在农村里的老父老母，对大城市拥挤而陌生的环境充满了憋屈和无奈的情绪，他几乎没有一天不担心身后随时会出现一个举着杀猪刀的人来分享他的意外之财。他也因此开始失眠，以往不请自来的瞌睡居然从此不再光顾他。有一次，他红着眼睛对我说："我觉得我不是富翁，我是一个众叛亲离的逃犯，有时，我真羡慕那些在街边倒头就能睡着的乞丐。"

我把这个故事讲给了一位开宝马车的女老板，她听后，深有同感地说："在我被老公抛弃后的某一天，独自开车在街头闲逛，看见一个收破烂的男人正艰难地将板车往坡上推，而板车上睡着的是他的妻子，一个脸上脏兮兮却有幸福笑容的农村胖女人。那一刻，我的眼泪夺眶而出。当时，我多么希望自己就是那个女人啊。"

其实，每个人都有别人所羡慕的东西。富翁有少年羡慕的房子、车子和财富；少年有富翁羡慕的年轻体魄、如火的激情和飞扬的梦想。白领女强人拥有下岗女工羡慕的名誉、地位和收入；而下岗女工则拥有白领女强人所羡慕的准时回家吃饭的老公。

生活就像一盘自己调制的凉菜，其中的淡与咸只有吃菜的人才会知道。

关上自己身后的大门

英国前首相劳合·乔治有一个习惯——无论走到哪里、无论什么时候，他都会随手关上身后的门。

有一天，乔治和朋友在院子里悠闲地散步，他们每经过一扇门，乔治就很自然很及时地随手把门关上。

"你这里警卫森严，几乎一只麻雀都飞不进来。你有必要把这些门都关上吗？"朋友很是纳闷。

"哦，当然有这个必要。我说的必要当然不是指我个人的安全问题。"乔治微笑着对朋友说，"我这一生都在关我身后的门。你知道，这对于我及很多人来说是必须做的事。当你关门时，也将过去的一切留在后面，不管是美好的成就还是让人懊恼的失误，然后你才可以重新开始。"

朋友听后，细细品味着，不觉陷入了沉思中。乔治正是凭着这种精神一步一步走向了成功，最终踏上了英国首相的位置。

"我这一生都在关我身后的门！"多么经典的一句话！

每个人，从跌打滚爬中过来，身上难免沾染一些尘土和霉气，心中多少留下一些酸楚的记忆，这都是事实，都是永远也不能完全抹掉的事实。

我们需要的，不是把头颅埋在沧桑的双手里，痛苦地回忆过往；我们需要的，是放弃过去了的失误和不愉快。因为伤感也罢，悔恨也罢，都不能改变过去，不能使你更聪明、更完美，只有不断地总结昨天的失误，才是最明智的选择。背着沉重的怀旧包袱，为逝去的流年伤感不已，那只会白白地浪费掉眼前的大好时光，那只会让你在不知不觉中放弃现在和未来。

追悔过去已经没有任何意义，它只能让你失掉现在；失掉现在，未来又从何谈起！

有句俗话说得好：为误了头一班火车而懊悔不已的人，肯定还会错过下一班火车。

要想成为一个快乐幸福的成功人士，最重要的一点就是记住：随手关上身后的门。将过去的错误、失误通通忘记，沉湎于懊恼、后悔之中只会让别人更加看不起你。

时光不会留恋任何人，它总是绝情地一去不复返。今天就应尽力做完当天该做的事，因为，明天将是新的一天。

记得当代大提琴演奏大师帕波罗·卡萨尔斯在他93岁生日那天说过一句话："我在每一天里重新诞生，每一天都是我新生命的开始。"

时刻保持一颗平和的心

有个商人因为经营不善而欠下一大笔债务，由于无力偿还，在债权人的频频催讨下，精神几乎崩溃了，他因此萌生了结束生命的念头。

苦闷至极的他，有一天独自来到亲戚的农庄拜访，心里打算在仅有的时间里，享受最后的恬静生活。

当时，正值八月瓜熟时节，田里飘出的阵阵瓜香吸引了他。守着瓜田的老人看见他到来，便热情地摘了个瓜，请他品尝。不过，心情仍然低落的他，一点享用的心思也没有，但是又无法拒绝老人家的好意，便礼貌地吃了半个，并随口赞美了几句。

然而，老人家听到赞扬，却非常喜悦，他开始滔滔不绝地诉说着自己种植瓜果所付出的心血与辛苦：

"四月播种，五月锄草，六月除虫，七月守护……"

原来，他大半生都与瓜秧相伴，流了不少汗水，也流过许多泪水。有一年，在瓜苗出土时遭遇了旱灾，为了让瓜苗得以成长，老人家即使每天来回挑水也不觉得辛苦。

又有一年，就在收获前，一场冰雹来袭，打碎了他的丰收梦；还有一年，金黄花朵开得相当茂盛时，一场洪水让这一切都泡汤了……

老人说："人和老天爷打交道，少不了要吃些苦头或受些气，但是，只要你能低下头，咬紧牙，挺一挺也就过去了。因为，最后瓜果收获时，仍然全部都是我们的。"

老人指着缠绕树身的藤蔓，对着心事重重的商人说："你看，这藤蔓虽然活得轻松，但是它却一辈子都无法抬头！只要风一吹，它就弯了，因为它不愿靠自己的力量活下去。"

这番话让商人醒悟了过来，他吃完手中剩下的半个瓜，在瓜棚下的椅子上放了 100 元，以示感激，翌日便踏着坚毅的步伐离开了农庄。

5 年后，他在城市里重新崛起，并且成为一个现代化企业的老板。

当挫折站在我们的面前时，我们开始了选择。正如世上没有完全相同的树叶一样，人与人的选择也是不尽相同的。我们可以选择放弃对抗挫折，绕道而行，不必为了遇到挫折而难过，也不用去付出什么努力；我们也可以选择正面迎接挫折，毫无畏惧，虽然我们为此付出了辛勤的劳动，可是我们却可以收获战胜困难的喜悦与兴奋，也可以收获今后战胜困难的勇气。

当挫折来临时，我们首先要培养自己的一颗平和心。所谓平和心，并非自甘平庸缺乏进取，而是以一种平静的心态耕耘在自己人生的土地上，不人云亦云，不随波逐流，踏踏实实履行自己生命的职责。

我们不仅要以一颗平和心去面对挫折、面对困难、面对失意，也要以平和心面对成功、面对顺境、面对得意。不管自己的人生处于怎样的状态，都要始终以一颗平和心走好自己的人生路。成功不值得骄傲，那不过是人生的一个小站；失败不值得悔恨，那不过是一不小心走错的一段路，纠正方向从头再来；失意不要沮丧，一年四季里，肯定有风雨交加的时候，要明白，只有狂风大雨才能一洗空气中的尘埃，当空气中的尘埃被洗涤殆尽时，就是空气最清新、阳光最明媚的时候。这便是平和心，这便是人生路。当你以一颗平和心走过人生的风风雨雨，你才能看到那金色的果实。

内心相信奇迹的出现

　　克罗地亚的塞拉克可说是世界上最倒霉的人了，悲剧在他的人生中可谓层出不穷。

　　他一生中经历过 7 次大难、4 次失败婚姻，可谓"最不幸的人"。

　　塞拉克所经历的人生第一次灾难是 1962 年。当时他正坐火车从萨拉热窝到杜布洛夫尼克去，火车行驶在半路上时发生意外，快速行进中的火车出了轨，陷入一条冰冻的河流。17 名乘客溺水而死，塞拉克的一条胳膊碰断了，身体部分擦伤，体温降到很低水平，但他仍艰难地爬到了河岸上。

　　一年以后，塞拉克乘坐一架 DC－8 型飞机从萨格勒布到里耶卡去，这次又遇上了意外事故。飞机的舱门被强风吹开，机上大部分乘客被强大的气流吸了出去，塞拉克也未能幸免。19 人被摔死，但塞拉克最后却"降落"在一座干草堆上，再次躲过了一劫。

1966年，塞拉克在斯普利特所乘坐的一辆巴士汽车翻入一条河里，致使4人丧生。塞拉克爬到车外，游到安全的地方，除了身上部分地方有擦伤、划伤之外，他的健康根本没有什么大碍。

塞拉克所遭受的第四次大灾发生于1970年。当时他正开车沿着一条高速公路行驶，不知怎么回事，他的车子突然起火了。没有多想，他便赶忙钻出车外，迅速离开了出事的汽车，几秒钟后，汽车的油箱爆炸了。

经历过以上4次大难而不死后，朋友们开始称呼他为"幸运先生"，他表示："对这个问题可以有两种不同的看法，我要么是世界上最倒霉的人，要么是世界上最幸运的人，我喜欢相信后一种观点。"

3年后，塞拉克在一次事故中丢掉了大部分头发。那时候，他开的是一辆"沃特伯格"汽车。有一天，汽车的燃油泵出了点毛病，他正低头检查时，燃油泵喷出的汽油浇在了烧得正热的发动机上，火苗通过发动机的气孔立即窜了起来，他躲闪不及，头发被烧掉了大部分。

1995年，第六次变故来临了。他在萨格勒布被一辆巴士汽车给撞倒在地上，不过还好，他只是受了点轻伤，休克了一会儿。第二年，他自己开车在山区行驶，车到一处山角转弯时，一辆联合国工作人员乘坐的汽车迎面开了过来。情急之下，他把自己开的斯科达汽车往山崖边上的交通护栏上开去，车子越过护栏开始向下坠去，塞拉克在最后一刻跳出了司机座位，落在悬崖上的一棵树上，他的车在他身下300英尺深的山谷爆炸了。

据塞拉克自己讲，他先后结过4次婚，但每次都以失败而告终。

可2003年发生的一件事情让他成了"世界上最幸运的人"。

40 年来从未买过幸运彩票的他买了有史以来的第一张乐透彩票，结果他竟中了头奖！这使得他一下子得到了 60 万英镑的巨额奖金。赢得 60 万英镑大奖后，塞拉克表示："我想，我的婚姻和我经历的大灾大难一样，对我来说也都是灾难。"

这位从"最不幸运"变为"世界上最幸运"的人已经 74 岁，在确认自己赢得大奖的消息后他高兴地说："现在我准备好好地享受生活了，我感到自己好像获得了新生。我知道这么多年来上帝一直在关注着我。"塞拉克准备拿这笔钱买一座房子、一辆汽车，再买一艘快艇，然后再和比自己小 20 岁的女友结婚成家。

如果他没有得到最后的幸运，是不是就该感到绝望呢？一个 74 岁高龄的老人，在生命即将燃尽的时候，还能对人生有什么期待呢？然而奇迹却发生了。人生其实是对信念的一种考验，而灾难绝不会永存。

否极泰来，相信这一切

宾夕法尼亚州匹兹堡有一个女人，她已经 34 岁了，过着平静、舒适的中产阶层家庭生活。但是，天有不测风云，她突然连遭四重挫折的打击。丈夫在一次事故中丧生，留下两个小孩。没过多久，一个女儿被烤面包的油脂烫伤了脸，医生告诉她孩子脸上的伤疤终生难消，她为此伤透了心。她在一家小商店找了份工作，可没过多久，这家商店就关门倒闭了。丈夫给她留下一份小额保险，但是她耽误了最后一次保费的续交期，因此保险公司拒绝支付保费。

　　碰到一连串不幸事件后，女人近于绝望。她左思右想，为了自救，她决定再做一次努力，尽力拿到保险补偿。在此之前，她一直与保险公司的下级员工打交道。当她想面见经理时，一位多管闲事的接待员告诉她经理出去了。她站在办公室门口无所适从，就在这时，接待员离开了办公桌。机会来了，她毫不犹豫地走进里面的办公室，结果，她看见经理独自一人在那里。经理很有礼貌地问候了她，她受到了鼓励，沉着镇静地讲述了索赔时碰到的难题。经理派人取来她的档案，经过再三思索，决定应当以德为先，给予赔偿，虽然从法律上讲公司并没有承担赔偿的义务。工作人员按照经理的决定为她办理了赔偿手续。

　　但是，由此引发的好运并没有到此中止。经理尚未结婚，对这位年轻寡妇一见倾心。他给她打了电话，几星期后，他为寡妇推荐了一位医生，医生为她的女儿治好了病，脸上的伤疤被修复；经理通过在一家大百货公司工作的朋友给寡妇安排了一份工作，这份工作比以前那份工作好多了。不久，经理向她求婚。几个月后，他们结为夫妻，而且婚姻生活相当美满。

　　你看，挫折真的不会长久地延续下去。有位名人说过"没有永久的幸运，也没有永久的不幸"，这个例子足以印证这句名言。挫折虽然令人忧愁，令人不快，甚至给人不断的打击，但挫折有一个"致命弱点"，就是它不会持久存在。

　　所以那些接二连三地遇到倒霉事件、哀叹自己"倒霉透顶"的人，一定要相信——迟早有一天我会转运。

可以改变的只有我们的看法

　　要正确地认识生活，还应该善于变换角度看待自己。

　　譬如照相，同一景物，从不同角度拍摄，就会得到不同的影像。对待生活也是这样。我们应当看到，偶然与不幸是生活的组成部分，但它仅仅是生活的一小部分。在我们的整个生活中，还有那么多欢乐和幸福的事情，我们为什么不去注意它们，而要对自己的一些创痛念念不忘呢？有的人在不幸袭来时，就觉得自己是天底下最倒霉的人。其实，事情并不完全是这样。也许你在某件事上是"倒霉"的，但你在其他方面可能依然很幸运。和那些更不幸者相比，你或许还是一个十分幸运的人。英国作家萨克雷有句名言："生活是一面镜子，你对它笑，它就对你笑；你对它哭，它也对你哭。"的确，如果我们以欢悦的态度微笑着对待生活，生活就会对我们"笑"，我们就会感受到生活的温暖和愉快。而我们如果总是以一种痛苦的、悲哀的情绪注视生活，那么生活的整个基调在我们心中也就会变得灰暗了。

　　我们还可以这样认识顺境和逆境：人们固然乐于接受顺境，不欢迎逆境，但是，逆境也可以砥砺人生，增长人的才干，使人通过破除障碍和不良情绪，得到新的突破与发展，心理达到更高层次的平衡；而顺境，则也可能使人怀安丧志，一事无成。中国古代有个故事，说的是公元前 657 年，晋国君主晋献公听信夫人骊姬谗言，逼死太子申生，逼公子重耳出逃在外。重耳立志回国继位，振兴家园。后来，他在齐国娶了妻子，又接受了齐桓公馈赠的 20 辆马车，很感满足。其妻见状，痛心疾首，劝勉他："行也！怀与安，实败名！"意思是：您且行动吧，满足于现状是会毁掉一个人的前途的！重耳从此振作起来，几年后夺回了王位。根据这个故事，人们引申出"怀安丧志"这个成语，告诫人们：迷恋、苟安于享受，就会变成碌碌无为的庸人。

水可载舟，亦可覆舟。顺境和逆境，在一定条件下是会互相转化的。面临挫折时，我们如果能够适当地变换思维的角度和方式，多从其他方面重新评价和审视所遭遇的挫折，就会摆脱自己所处的困境。

第五章

包袱太重，为何不放下来前行

　　能放下是一种领悟、一种在历经磨难后的豁达，因为有时候想放下也不一定能放下。"放下包袱，且歌且行"——对于生活，我们要积极应对，放下精神和物质的"包袱"，以一种超然的态度去看待人生、创造人生、享受人生。不要因为一点点与目标无关的小事使自己的身体和心理承受不必要的压力，"放下"便是为自己打开一扇通向光明的窗，"放下"便是选择了一条豁然开朗的生命之路。

负重而行的人生

一个人觉得生活很沉重，便去见哲人，寻求解脱之法。

哲人给他一个篓子背在肩上，指着一条石子路说："你每走一步就捡一块石头扔进去，看看有什么感觉。"

过了一会儿，那人走到了头，哲人问他有什么感觉。那人明白了生活越来越沉重的道理。当我们来到世界上时，我们每个人都背着一个空篓子，然而我们每走一步都要从这世界上捡一样东西放进去，所以才有了越走越累的感觉。

于是那人问："有什么办法可以减轻这沉重吗？"

哲人问他："那么你愿意把工作、爱情、家庭、友谊哪一样拿出来呢？"

那人不语。

有人曾说过：当你感到沉重时，也许应该庆幸自己不是总统，因为他背的篓子比你的大多了，也沉重多了。

人生路上坎坷的时日居多，升学、工作、晋级、成家……哪一个环节都不可能一帆风顺，大部分时间人在负重而行，领导同事的误会、工作上的摩擦、生活上的不如意都是令人难过的源泉，这时候，人就得有负重而行的心理承受力，否则不够宽容、不够豁达、不会变通，最终会把自己逼入死胡同。

负重而行当然是一种痛苦，但没有负重就不可能体会无重的轻松惬意，没有负重而行，也就无所谓责任，从而也就无所谓取得成就，当然也就体验不到上了坡后那种如释重负的快感了，没有负重的生命是不完整的生命，没有负过重的人生是不圆满的人生。

每个人都不知道未来怎样。但我们不应该只想生活怎样，而应该多想想怎样生活。还是维持那颗平常心比较好，平淡的生活同样精彩，在平淡中品味出快乐才是真正的幸福。

人生这么短，何必要让自己在名利之中折腾呢？攀比只会产生烦恼。开奔驰的固然威风潇洒，而并肩漫步又另有一番幸福甜蜜。怎么样才是一个完整的家？不是豪华洋房，昂贵花园，而是两个人共同建筑、共同守护的"城堡"！我们这座"城堡"，牵着手才能找到，幸福是因为互相依靠。"城堡"的大小不在于它的实际面积，而在于两人心里的感觉。感情这个地基打得越牢固，日后你就越会感到它的"宏伟"。

压力是不可避免的，因此我们应该学会缓解压力，以下建议仅供参考：

首先，要知道自己的目标。只要目标明确了，在行动上就不要发生动摇。人是需要精神支柱的，这个支柱是自己给自己树立的。有了这个心理上的强大动力，任何压力带来的疲惫和痛苦都是微不足道的。

其次，要会衡量自己的能力。知道自己的斤两，知道自己需要什么，能做到什么。无望的追求是空谈，每个人的理想都应该是脚踏实地的，就像吃惯了素菜的人非要去享受牛排，那油汪汪的东西固然很诱人，但真吃到自己肚里，半生不熟的还真消化不了。

第三，要仔细分辨自己的欲望是不是合理的。这个世界到底是有道德标准和行为准则的，随意突破规范是要承担后果的。假如你的欲望是不善良的，是会给自己带来痛苦或给别人带来伤害的，就应该果断摒弃，把这种黑色的欲望压力消灭于无形。

第四，缓解压力要讲究方式方法，要给自己一个健康、美好的心态。世界美丽纷繁，充满了阳光和温情。要懂得去欣赏她、接纳她、追求她。一时的痛苦是过眼云烟，长久的快乐是成熟心态应得到的回报。不要迷失方向，不要为情所困，不要妄自菲薄，不要贪得无厌，好好把握自己手中的幸福，这样的每一分钟都会成为你自己的宝藏。

刘墉先生对人生的解释是："面对人生的起起落落，人生的恩恩怨怨，却能冷冷静静一一化解，有一天终于顿悟，这就是人生。"

幸福是金钱买不来的

钱带给人的好处多得说不完。当商品交换发展到以货币为媒介，并在某种程度上用来衡量人的价值的时候，金钱的魅力越来越大，开始成为众多人追求的对象，有人深信"有钱能使鬼推磨"，为此不惜铤而走险。

因此，许多聪明的现代人不顾一切地去赚钱。许多人认为只要赚了足够的钱，便可以幸福快乐地享受人生了。

在市场经济中，金钱是市场的"通货"，其作用可谓神通广大，可以买到市场上出售的一切东西。于是便有人推崇"金钱万能论"，于是便有人不惜牺牲健康来换取金钱。金钱成了幸福的代名词。

虽然生活中离不开金钱，但钱多了就一定快乐吗？事实并非如此，如今许多人钱赚得越多，负担反而越重，就是因为钱赚得越多，就花费越多，花费越多，就必须去赚更多的钱来支付更大的开销，也必须花更多时间去管理金钱和投资。金钱的诱惑是个巨大的无底洞，你永远也填不满，如果陷入其中，便只能活在追逐金钱的强大压力及追而不得的懊恼中，深深陷入而不能自拔。

在实际生活中，没有钱是不行的。假如遭遇困厄，生活拮据，身患重病……我们总是那样渴望金钱，渴望它让我们摆脱困境，渴望它给我们带来舒适生活，渴望它带给我们健康。这一切，的确无可厚非。可是，一旦对它有过多的贪欲，把它当作生活唯一的目标，心灵完全被金钱占据，我们便永无安宁之日了，因为它会让我们丧失人格、尊严、友情等，甚至为钱葬送自己的一生。当一个人被金钱所异化时，他什么事情都能干得出来。某些人民的公仆，由于贪欲膨胀，会把国家的机密出卖，会把大笔的巨款据为己有，甚至会侵吞国家拨的救灾款；妙龄的女子，由于铜臭腐蚀了灵魂，会把名誉、贞操、廉耻统统扔掉，用肉体换取金钱，以致葬送自己的青春。当金钱被看作神圣的、万能的、第一位的东西时，人便丧失了生命中一切宝贵的东西，人生便毫无幸福可言，人便不能再称之为人。一个最后"穷"得只剩下钱的人，一定活得很累、很乏味、很空虚。

有些人信奉金钱至上，金钱万能。说什么"金钱主宰一切""除了天堂的门，金子可以叩开任何门"等等。他们视金钱为上帝，不择手段去得到它。他们一边用损坏良心的办法挣钱，一边又用损害健康的方法花钱。钱越多的人，内心的恐惧越深重，他们怕被偷、怕被抢、怕被绑票。他们时时小心，处处提防，惶惶然终日，寝食难安。恐惧的压力造成心理严重失衡，哪里有快乐可言？其实，钱财乃身外之物，生不带来死不带走，应该取之有道，用之有度。金钱也并非万能，健康、友谊、爱情、青春等都无法用金钱购买。金钱是一个很好的奴隶，但却是一个很坏的主人，我们应该做金钱的主人，而不应该沦为它的奴隶。

钢铁大王安德鲁·卡耐基说:"一个人死的时候还极有钱,实在死得极可耻。"要有合于时代的金钱观念,即合理地支配我们拥有的钱财。在《赢家的强运法则》一书中,作者这样写道:"这句话说来容易,实际做来却有困难,因为人对事情的想法和创意,多多少少都受限于生长的环境,所以虽然知道,却不容易做到。因此,我要告诫大家一个基本的哲学命题:做金钱的主人,不要做它的奴仆!换句话说,不要被金钱束缚,单是这个基本的想法,就值得跨越任何时代而铭记在心。"我们虽然难以达到洛克菲勒的境界和卡耐基所说的标准,但作为普通人的我们,却也可以在金钱的植培里活出自己的样子。诚如托尔斯泰所说的那样:钱只有在使用时,才会产生它的价值,如果放着不用,就根本毫无意义。让金钱为我所用,为人所用,而不要成了不肯花钱的可怜的守财奴,这样的人生才能痛快潇洒!

幸福的宝塔不是用钱堆起来的,生活中还有许多远比钱更有意义的东西值得我们去追寻,比如爱情、比如友谊、比如健康……有句名言说得好:"能用钱买来的都不贵。"不要让钱挡住我们的眼睛,不要让钱成为套住我们心灵的枷锁。做一个洒脱的现代人吧!切记,钱乃身外之物,生不带来,死不带去,如果连生命都丢了,钱再多又有何用?

正如一位知名国际问题专家所言:钱可以买到房屋,但买不到家;可以买到药物,但买不到健康;可以买到珠宝,但买不到美;可以买到伙伴,但买不到朋友;可以买到虚名,但买不到实学;可以买到权力,但买不到威望;可以买到"小人的心",但买不到"君子的志"。

人们的世界观所决定的思想、立场、情感是对待钱的"总开关"。只要把好世界观这个"总开关",就不会被钱所左右。

虽然一些犯罪分子在东窗事发时，总是悲叹"我真糊涂，是钱害了我"，但如果不是人生观扭曲、信念丧失、道德败坏，又怎么会沦为金钱的奴隶、人民的罪人？钱是一面镜子，干净的人照出洁白无瑕，污浊的人照出丑陋嘴脸。对于钱，培根强调应当用正当的手段去谋求，靠卑劣手段得来的财富是肮脏的。如果以有钱为乐、以享受为人生追求，必然会挣黑钱、贪不义之财，聚敛越多越是不幸，越是罪过。

真正的财富是内心的认同

一个富人去拜访一位哲学家，请教他为什么自己有钱后变得越发狭隘自私了。哲学家把他带到窗前，问："向外看，告诉我你看到了什么？"富人说："我看到外面世界的很多人。"哲学家又将他带到一面镜子前，问："现在你又看到了什么？"富人回答："我自己。"哲学家一笑说："窗子和镜子都是玻璃做的，区别只在于多了一层薄薄的水银。但就是因为这一点水银，便叫你只看到自己而看不到世界了。"

人们都知道石油大王洛克菲勒是个著名的慈善家，但很少有人知道洛克菲勒也曾被薄薄的一层水银蒙住了双眼。

洛克菲勒出身贫寒，创业初期勤劳肯干，人们都夸他是个好青年。可他在富甲一方后，变得贪婪冷酷，宾夕法尼亚州油田地带的居民深受其害，对他恨之入骨。有的居民做成他的木偶像，然后将那木偶像模拟处以绞刑，以解心头之恨。无数充满憎恨和诅咒的威胁信被送进他的办公室，连他的兄弟也不齿他的行径，而将其儿子的坟墓从洛克菲勒家族的墓园中迁出，说在洛克菲勒支配的土地上，儿子无法安眠！洛克菲勒的前半生就在众叛亲离中度过。洛克菲勒53岁时，疾病缠身，人瘦得像木乃伊。医生们向他宣告了一个残酷的事实：他必须在金钱、烦恼、生命三者中选择一个。这时他才领悟到，是贪婪的恶魔控制了他的身心。他听从了医生的劝告，退休回家，开始学打高尔夫球，去剧院看喜剧，还常常跟邻居闲聊。他开始过一种与世无争的平淡生活。

后来，洛克菲勒开始考虑如何把巨额财产捐给别人。起初人们并不接受，说那是肮脏的钱。可是通过他的努力，人们慢慢地相信了他的诚意。密歇根湖畔一家学校因资不抵债行将倒闭，他马上捐出数百万美元，从而促成了如今的芝加哥大学的诞生；北京著名的协和医院也是由洛克菲勒基金会赞助而建成的；1932年中国发生了霍乱，幸亏洛克菲勒基金会资助，才有足够的疫苗预防而不致成灾；此外，洛克菲勒还创办了不少福利事业，帮助黑人。从这以后，人们开始以另一种眼光来看他。

洛克菲勒的前半生为金钱迷失了方向，后半生千金散尽，才重返生命的正道。他一生至少赚进了10亿美元，捐出的就有7.5亿。他用一生的时间才找回曾经丢失的世界，那里有用金钱买不到的平静、快乐、健康、长寿以及别人的尊敬和爱戴。做到这些，享年98岁的洛克菲勒无憾了。

雅虎CEO杨志远说："很多人把钱看成人生目标，或者职业的目标。我不是在有钱的家庭里长大的，有的人家里没有钱，所以很需要钱；也有的人没有钱，但一家人仍然过得很快乐，我属于后一种家庭。所以，在这一点上我认为，有一个快乐的家庭，有很好的朋友，不是在物质上，而是在精神上得到心灵的快乐，这是最重要的。"

不知拜金主义者是什么心态，或许对于他们来说，金钱就是一切。但我们却可以用另一种姿态让他们看到，金钱买不来快乐，买不来朋友，买不来精神上所需要的一切。看来，在这个物欲横流、纸醉金迷的世界里还有金钱无能为力的事情。

一个人的财富观肯定是受其人生观、价值观等的影响。其实不管一个人的财富状况如何，平和、健康、积极向上的心态是最重要的，它是决定人们行事的根本。如果一个人无论是在腰缠万贯还是一文不名的情况下都能做到"不管风吹雨打，胜似闲庭信步"的从容和优雅，或许我们就已经拥有了一生中最大的财富。

《三联生活周刊》推出的新闻人物中有一个陌生的名字：布洛克。这位叫布洛克的美国富翁因为对自己生活方式的毅然改变，引出了一个永恒的话题——什么是财富？

布洛克原是一位家族大公司的总经理，他在执掌公司几年后，意识到失去了太多与家人相处的时间，于是他决定放弃年薪60万美元的职位，回到亲人中间。他说："我不想等将来回首往事的时候，发现自己除了钱什么也没有。"他在一所中学谋得了一个年薪只有2万美元的数学教师的职位。在一年结束之际，他收到了来自学生的贺卡，贺卡上写着一句令他骄傲的赞美："给天下最棒的老师。"

在这个故事中，我还读出另一方面的财富：亲情。众所周知，美国是个金钱万能的社会，"天堂和地狱"集于一身。在我们读到的美国社会中，亲情的失去是一个重要的话题。人际社会需不需要亲情，亲情会不会被金钱取代，或许这是一个需要整个社会来思考的问题。布洛克的选择是否就是这种思考的一种方式和答案，现在还不能肯定，但有一点很明确，那就是：拥有亲情也是某种意义上的最大的财富、真正的财富。

真正的财富是一种内心的认同，而不是一种鼓动。当很多的人不顾一切追逐金钱的时候，其实他们在做一个赔本的买卖，结果他们输得精光，除了钱，什么都没有了。

慢一步也许是一件好事

有两棵大小相同的树苗，同时被主人种下，也被一视同仁地细心照料着，不过，这两棵树的起跑点虽然相同，后续的成长状况却大不相同。

第一棵树拼命地吸收养分，一点一滴储备下来，仔细地滋润身上的每一根枝干，慢慢地累积能量，默默地盘算如何让自己扎扎实实、健康苗壮地成长。

另一棵树也一样非常努力地吸收营养，不过它追求的目标与第一棵不同，它将养分全部聚集起来，并使劲地将这些养分推至树端，一心想着如何让开花结果的时间提早来到。

第二年，第一棵树开始吐出了嫩芽，也十分积极地让自己的主干长得又高又壮；而另一棵树也长出了嫩叶，不过它却迫不及待地挤出了花蕾，似乎随时都可以开花结果。

这个景象让农夫非常吃惊，因为第二棵树的成长状况非常惊人。只是，当果实结成时，由于这棵树尚未长成，却提早承担起了开花结果的责任，因此一时间吃不消，把自己折腾得累弯了腰，至于所结的果实更是因为无法充分吸收养分，比起一般正常的果实要酸涩。

再加上它的体型矮小，许多孩子都喜欢攀上树端嬉戏玩乐，并且拿那些还未成熟的果实游戏，时日一久，这棵树在身心受创的情况下，逐渐失去了生长的活力。

第一棵树的情况却完全相反，原本不被看好的它，反而越来越茁壮，在经年累月的耐心等待之后，终于绽放花蕾。

由于养分充足、根基稳固，不久结成的果子也比其他的树更大更甜，而那急于开花结果的第二棵树却日渐枯萎。

很多人就像第二棵树一般，只学会了皮毛，便急着出头与表现，然而，当他的皮毛用尽，也就意味着能力不过如此而已。

这时候，不仅难以占有立足之地，还会跌到更深的谷底，甚至连重新开始的机会都很难找到。

请看一个牧师在他的布道词里所讲的故事：

上帝给我一个任务，叫我牵一只蜗牛去散步。

我不能走得太快，蜗牛已经尽力爬，每次仍总是挪那么一点。

我催促它，我吓唬它，我责备它，蜗牛用抱歉的眼光看着我，仿佛说："我已经尽了全力！"

我拉它，我扯它，我甚至想踢它，蜗牛受了伤，它流着汗，喘着气，往前爬。真奇怪，为什么上帝要我牵一只蜗牛去散步？

"上帝啊！为什么？"天上一片安静。

唉！也许上帝抓蜗牛去了！好吧！松手吧！

反正上帝不管了，我还管什么？

任蜗牛往前爬，我在后面生闷气。

待放慢了脚步，静下心来……

咦？

忽然闻到了花香，原来这边有个花园。

我感到微风吹来，原来夜里的风这么温柔。

还有！我听到鸟声，我听到虫鸣，我看到满天的星斗，多美。

唉？

以前怎么没有这些体会？

我这才想起来，莫非是我弄错了！

原来上帝叫蜗牛牵我去散步。

你找到你的蜗牛了吗？偶尔出去散散步吧！

有人怨天尤人，有人感叹世事变迁，那低低的话语中尽是对生活的厌恶，对人生的绝望，难道自己的生活就这样平庸吗？只要你能以平常心面对人生，进而发现生活中的美，你的人生就有无尽的价值。

漫步在幽深的小路上，呼吸着清新的空气，透过树荫，阳光在地上洒落无数碎石般的斑纹。微风拂过，扑面而来的是淡淡的花香，使人心旷神怡。仰天长望，白云掠过，几丝白云在轻轻地飘。哼一首无名的小曲，默念一首小诗。你感受到生活之美了吗？

在生命漫长的旅程中，我们会遭遇这样那样的挫折和困难，但也正是因此，生命变得更加丰富多彩。没有人希望自己的一生是在平淡无奇、庸庸碌碌中度过，那样似乎总觉得是枉来人间走一趟。那么，当挫折和困难要来点缀我们生命的时候，我们为何还要远避！

在你困难之际，一双双温暖的手会向你伸来；在你欢乐之际，一句句祝福会向你飘来；在你悲伤之时，一句句安慰的话、贴心的话会抚慰你受伤的心……这都是你的幸福，这都是生活中的美啊！

生活本身是快乐的，何必因为一些事情而生气呢？遗忘它，放走它。用想象的方法，假设它是一只气球，被扎破后，慢慢缩小，"气"也随之飘到九霄云外。选择遗忘，一定能让自己感到舒服、放松。你的生活负担正在渐渐消失，你感受到了吗？

品味生活，在于抓住生活的空隙。一些不经意间发生的事情，往往会给我们带来许多欢乐。

生活的意义，正如一杯清茶，越冲越香，越品越醇，谁都能体会到它的清苦，可只有细细品味，才能体会到其中的香醇。

一寸光阴一寸金，今天的每分每秒都值得珍惜。因此，品味你眼前的每一刻，尽你的可能淋漓尽致地生活。偶尔，不妨放慢前进的脚步，领着你的蜗牛去散散步，你就会领略很多在忙碌中错过的美景。

心术不正的人永远得不到快乐

凡是太聪明、太能算计的人，实际上都是很不幸的人，甚至很多聪明人是多病和短命的。美国心理专家威廉通过多年的研究发现，算计者百分之九十以上都患有心理疾病。这些人感觉痛苦的时间和深度也比不善于算计的人多了许多倍。换句话说，他们虽然会算计，但却没有好日子过。

威廉认为，凡是太过算计的人，都是活得相当辛苦的人，又总是感到不快的人。

一个太能算计的人，通常也是一个事事计较的人。无论他表面上多么大方，他的内心深处都不会坦然。算计本身首先已经使人失掉了平静，掉在一事一物的纠缠里。而一个经常失去平静的人，一般都会引起较严重的焦虑症。一个常处在焦虑状态中的人，不但谈不上快乐，甚至往往是痛苦的。

爱算计的人在生活中，很难得到平衡和满足，反而会由于过多的算计引起对人对事的不满和愤恨。因此常与别人闹意见，分歧不断，内心充满了冲突。

爱算计的人，心胸常被堵塞，每天只能陷在具体的事物中不能自拔，习惯看眼前而不顾长远。更严重的是，世上千千万万事，爱算计者并不是只对某一件事情算计，而是对所有事都习惯于算计。太多的算计埋在心里，如此积累便是忧患。忧患中的人怎么会有好日子过？

太能算计的人，也是太想得到的人。而太想得到的人，很难轻松地生活。往往还因为过分算计引来祸患，平添麻烦。

太能算计的人，必然是一个经常注重阴暗面的人。他总在发现问题，发现错误，处处担心，事事设防，内心总是灰色的。

太能算计的人，目光总是怀疑的，常常把自己摆在世界的对立面，这实在是一种莫大的不幸。太能算计的人骨子里还贪婪。想拥有更多成为算计者挥之不去的念头，像山一样沉重地压在心上，使生命变得没有色彩。

而更有趣的是，威廉自己曾经就是一个极能算计的人。他知道华盛顿哪家袜子店的袜子最便宜，哪怕只比其他店便宜几分钱。他知道方圆 30 里内，哪家快餐店能比其他店多给顾客一张餐巾纸。至于哪辆公共汽车比其他公共汽车便宜 5 分钱，什么时候看电影门票最低等，威廉可以说是全美之最。

正因为这样，威廉得了一身病。30 岁之前，他总与医院打交道。当然，他也知道哪一家医院的药费最便宜。不过那时他没有一天好日子过，更不要说快乐了。物极必反，威廉在他 32 岁那年终于醒悟了。他开始了关于"能算计者"的研究。追踪了几百人，结果得出了惊人的论述。

很多人都曾经说过"难得糊涂"4 个字，但真正理解其含义的，又有几人呢？

当初郑板桥为官之时，将官场、世事看得太清楚、太明白、太透彻而又无以为释，又因其性情刚直，不谄媚、不圆滑，而不平不公之事太多，凭一己之力却又无能为力，只好在"糊涂"之中寻求遁世之术。

如今，每个人都希望自己聪明，越聪明越好，越聪明越显示自己为人处世的高明。可是，任何事情都不是绝对的，聪明过头，并非是件好事。王熙凤不就是机关算尽太聪明，反误了卿卿性命吗？看来一个人还是别过于精明，知道得太多，事事计较，反而会让人伤神。

聪明有大聪明与小聪明之分，糊涂亦有真糊涂、假糊涂之别。

北宋人吕端，官至丞相，是三朝元老，他平时不拘小节，不计小过，仿佛很糊涂，但处理起朝政来，他却机敏过人，毫不含糊。宋太宗称他是"小事糊涂，大事不糊涂"。而有一种人恰恰相反，只要是便宜就想占，只要是好处就想贪。为了一点小利不顾前程，为了一点小过争个你死我活。这种人看似聪明，其实再糊涂不过。

人毕竟没有三头六臂，当你事事比别人聪明时总会引起别人的反感和嫉妒，终究"明枪易躲，暗箭难防"，让自己受到无谓的伤害。真正聪明的人大可不必在一些琐碎小事上锱铢必较，此时"糊涂"一下又何妨？只要能在大事上、原则上保持头脑清醒就行了。为人处世，千万不要在小事上纠缠不休，搞得自己精疲力竭，心绪不宁，而到了大事面前却又真的糊涂了。这样的生活，太得不偿失了。

小事糊涂者，轻权势、少功利、无烦恼，则终成正果；大事糊涂者，则朽木不可雕也。

俗话说：真正聪明的人，往往聪明得让人不以为其聪明。这句话的本意不也就是难得糊涂的内涵吗？聪明的人表面愚拙、糊涂，实则内心清楚明白，这不是一种更为高明的处世艺术吗？

　　"糊涂"常可使我们心境平静，无欲无贪，正如"值利害得失之会，不可太分明，太分明则起趋避之私"一样。没学"糊涂学"之人终会在凡尘俗世中不得安宁。

　　在瞬息万变的现代社会中，许多事情非要寻出个究竟，有时也是不现实的。多一点"糊涂"，少一点计较，何尝不是另一番开朗、超脱的人生风光呢？

功名其实是浮名

　　在岁月的长河中，在历史的篇章中，有许多人被视为伟人。他们崇高的人格、伟大的功绩，使人类牢牢记住他们的名字；他们深邃的目光、深刻而崇高的思想与风范气质，超越常人，达到众人难以企及的高度。在人类的社会中，他们如同夜空中灿烂的群星，在黑暗中闪烁着神圣、耀眼的光芒。在美国，就有这样一个被无数人景仰并且载入史册的伟人，他就是乔治·华盛顿。

　　在孩提时代，华盛顿就是一个与众不同的孩子，他似乎生来就正直诚实，办事极为公道，这与他受到修养极好的父亲智力上和道德上的熏陶有关。他渴望着成为一名驰骋疆场、威风凛凛的勇敢军人，报效国家和人民。在他的同学中，他总是领导者。

　　1748 年，英法两国为了争夺在北美的领地和利益而发生冲突，双方都开始备战，由此也为华盛顿提供了一个走入军界的机会。那一年，他 19 岁。

　　在数年的战争中，华盛顿处事谨慎，富于进取精神，有忍耐力，更有魄力。在每次战斗中，他都骑着自己的白马冲锋陷阵。他用实际行动赢得了身边人的崇拜和信任。

　　美国独立战争胜利以后，人们希望有一个独揽大权的人物来接管政府。在人们眼里，华盛顿就是这样一个人。军中也有这样的思想，甚至有军官上书要求他做皇帝。但是华盛顿并不想当皇帝，他从不对名利动心，他追求的是得到广大人民的尊敬，他是一个视荣誉重于生命本身的人，有着强烈的共和思想。因此他在向大陆会议索要独立自主的权力时，多次重申，一旦战争结束，他将解甲归田，化剑为犁。他不愿为了一顶金灿灿的皇冠、为了个人的野心而使美国在刚刚摆脱英国的殖民统治后又重新陷入内战。

　　和平终于来临了，1783 年 3 月下旬，英美签署和平协议。4 月 19 日，历时 8 年的北美独立战争结束。华盛顿时年 51 岁，他辞去军职，向部队告别。面对昔日生死与共的战友，他激动不已，与他们斟酒告别。人们热泪盈眶，纷纷与他拥抱，最后为了不使自己过于激动，他一句话也没有说，泪流满面地径直离去。在费城，他与财政部的审计人员一起核查了他在整个战争过程中的开支，账目清楚、准确，他甚至还补贴了许多自己的钱。

　　辞职的他回到了家，回到了自己的农场，过上了平静的生活。

　　华盛顿的辞职树立了一个影响深远的先例，让人主动放弃权利是不可思议的，对于一个能随其心愿担任任何职务的人而言，这就更令人称奇。

　　浮生一世，短短几十年，总有一天连生命都不得不放弃，还有什么看不开的呢？懂得放弃的人往往要比一味追求的人得到的更多些，也更放松些和快乐些。人生的路很宽，为官为民，有钱没钱，一样可以活得有滋有味，只不过各有各的活法而已。民有民的乐，官有官的忧，穷有穷的喜，富有富的悲，此皆随个人与环境的不同而变化，我们真的没有必要处心积虑地去追求不属于自己的东西。

当然，平常心并不是很容易具有的，它是经历磨难、挫折后的一种心灵上的感悟，一种精神上的升华。"宠辱不惊，去留无意"说起来容易，做起来却十分困难。红尘的多姿、世界的多彩令大家怦然心动，名利皆你我所欲，又怎能不忧不惧、不喜不悲呢？否则也不会有那么多的人穷尽一生追名逐利，更不会有那么多的人失意落魄、心灰意冷了。只有做到了宠辱不惊、去留无意方能心态平和、恬然自得，方能达观进取、笑看人生。

"世人都说神仙好，惟有功名忘不了"，人人都想活得潇洒一点、轻松一点、快乐一点，但终其一生也潇洒不了、轻松不了、快乐不了。他们被什么东西拖住了、缠住了、压住了，这东西就是功名利禄。功名利禄成了人生的境界，似乎功名愈厚，人生也愈美妙滋润。其实功名利禄是一副用花环编织的罗网，只要你进去了，你就无法自在逍遥。没有功名利禄，于是想得到功名利禄。得到了小的功名利禄还想得到更大的功名利禄，得到了大的功名利禄，又害怕失去功名利禄。人生就在这患得患失中度过，哪里品尝得到人生的甘美滋味呢？世人只知道功名利禄会给人带来幸福，殊不知功名利禄也会给人带来痛苦。为了功名利禄，我们劳心、劳神、劳力；为了功名利禄，我们计划、忙碌、奔波；为了功名利禄，我们怀疑、欺诈、争斗；为了功名利禄，我们玩阴谋、耍诡计、溜须拍马；为了功名利禄，我们如履薄冰、患得患失、夜不能寐。

孔子说："逝者如斯夫，不舍昼夜。"这世间的事物都像流水一样流动着，没有静止不变的，得失既是永恒的，也是易变的。有了付出才有回报，没有无回报的付出，也没有无付出的回报。付出越多，回报越大。"一分耕耘，一分收获""为人处，即是为己处"说得都是这道理。希求不劳而获，像阿里巴巴与四十大盗中的叫声"芝麻开门"就可得到无尽财富，不过是存于人们幻想之中的"天方夜谭"而已。

在名利问题上，得失的对立似乎特别明显。其实，两者总是相互转化的，得到反而意味着失去，失去反而意味着得到，甚至得失的不仅是名利，还有身家性命。在形式上放弃它，反而能够永久地保存。当刘备将死时，三分天下之势已确立，他看到诸葛亮确实是人杰，就劝他如果儿子阿斗可以辅助就加以辅助，如果实在上不了台面就自己做君称王。而诸葛亮未必不是做君主的料，却甘做人臣，这似乎没有得到人主之高位与尊荣，但千载之后，他的英名却比任何一位皇帝都高。一句"鞠躬尽瘁，死而后已"，把他与历史永久性地联系在了一起。如果他废阿斗自立，那他前半生的一切英名，都将被篡权者的恶名所掩盖。这正是最大的得到。

"真正之名誉，在虚荣之外。""名誉像一条河，轻漂而虚肿的浮在上面，沉重而坚实的东西沉到底下。"（培根语）如同稻田里的稗子一样，与名誉孪生的是虚荣。"虚荣心在人们的心中如此稳固，因此每一个人都希望受人羡慕；即使写这句话的我和念这句话的你都不例外。"（巴斯卡语）这只是指一般人的正常心态，但虚荣心过强会给人带来无穷的烦恼。踏上虚荣的高台阶，必定迈进自私的低门槛。

其实呢，名誉不过是人生的化妆品，美的也好，丑的也罢，都不必太在意。俗话说："退一步阳光大道，进一步死路一条。"追求虚名是人类的一大弱点，是害别人也是害自己的祸患。应笑看虚名，追求事业，但不为名利牵累。

累了自己，彩色人生已不在

"生活真是太累了！"常听一些人喊出这样一句话。其实，生活本身并不累，它只是按照自然规律、按照它本身的规律在运转。说生活太累的人是他本人活得太累了。

是啊，生活的涵盖量是太大了。生活在这个世界上，你要为衣、食、住、行去奔忙，要去应付各种各样的事，要去与各种各样的人相处。可谁又能保证你所接触的事都是好事，你所遇到的人都是谦谦君子呢？即使是上帝保佑你，恐怕也不会那么幸运，更何况并没有万能的上帝呢？所以，生活中必然要有这样或那样的事，有喜有悲，有幸运之神的眷顾也有不幸的降临。遇到的人也是如此，有君子也有小人，有高尚之士也有卑鄙之徒。事物都是相对而生的，否则生活又怎么能称之为生活呢？只有各种各样的事、各种各样的人糅合在一起，才能构成色彩斑斓的世界，也只有这样的生活才是有滋味的。

在生活中，面对着各种各样不合自己心意的事，与各种各样不与自己性格相符的人相处，你会采取什么样的态度呢？是坦然、磊落、轻松地对待，还是谨小慎微，抬头怕顶破天，走路怕踩到蚂蚁呢？值得告诉大家的是，不要让自己长期生活在紧张、压抑之中，不要让自己的琴弦绷得太紧，也就是别活得那么累。必要的时候，放松一下自己，轻松地活着。

生活毕竟是公平的，对谁都是一样，没有绝对的幸运儿，更没有彻底的倒霉鬼，你有这样的不幸，他有那样的烦心事；别人有那样的好机会，你有这样的好运气。所以，千万别把自己说得那么悲惨，更不要把自己缠绕在自己织的网中，挣扎不出来。

感觉生活太累的人一般都是一些胆小怕事者。每说一句话都要考虑别人会怎么看待自己，考虑会不会因为这一句话而伤害某人；每做一件事都要瞻前顾后，生怕因为自己的举动给自己或他人带来不好的影响。工作中，对领导、同事小心翼翼，生活中对朋友、邻居万分小心，那真是连个臭虫都不敢打死的"谨慎"之人。其实，你的周围有那么多人，而每个人的脾气都不一样，你不可能做到使每个人都满意。即使你样样谨小慎微，还是会有人对你有成见。所以，只要不违背常情，不昧着自己的良心，挺起胸膛来做人做事，效果恐怕比那样更好。

感觉活得太累的人往往不能很好地调整自己，每遇不幸之事发生时，不能辩证、乐观地去看待。而且容易对生活产生悲观想法，似乎世界末日就要来临了。哪怕是看电视时看到日本发生了地震，死了许多人，也会紧张得要命，夜里不得安睡，总是疑心地球要爆炸了，自己也会上西天了。你说，这不是杞人忧天吗？

如果长此以往，总是生活在心情沉重、感情压抑之中，那将是非常可怕可悲的事。处处都要考虑得失，时时都要注意不必要的小节，你还有更多的时间去干大事、去成就你的大事业吗？回答当然是否定的。因为你连很小的一件事都要左思右想，时间就在你的犹豫中溜走了。也许，当你老了的时候，你回过头来会发现自己是那么渺小，两手空空，一事无成。到那时，只有眼看着五彩斑斓的人生变成黑白的了。

时刻感觉生活太累的人，必然看不到生活中光明的一面，更感觉不到生活的乐趣。因为他的时间统统用来盯住自己周围狭小的一点空间，而无暇顾及其他事情。而且，他的生活是非常被动的，因为他不愿主动去做什么，生怕天上飞鸟的羽毛砸了自己。这样的生活不会幸福，更没有快乐可言，这样的生活是沉重的。

活得累的人很少有幽默感，更不会去放松一下自己，唯恐别人以为自己对生活不严肃。

活得累的人就像身上穿着一件厚重的铠甲：既不能活动自如，又不能脱去它，因为它太沉了，压在身上重如千斤。活得累的人就像永远戴着一副面具，这副面具在人前谨小慎微，在人后愁眉苦脸。这样活着真是太累了，简直喘不过气来。既然活得累是件很痛苦的事，既然生命对我们来说又是那么宝贵、那么短暂，我们何不换一种活法，活得轻松、幽默一点，努力去感受生活中的阳光，把阴影抛在后头。即使工作任务很重，也抽出一点时间来放松一下自己，这样会对你的工作更有益处。

林肯的书桌角上总有一本诙谐的书籍放在那里，每当他抑郁烦闷的时候，便翻开来读几页，不但可以解除烦闷，而且还能使疲倦消除。乐观地对待生活，将使你充满自信。美国富翁柯克在51岁那年，把财产全部用完了，他只得又去经营、去赚钱。没多久，他果然又赚了许多钱。他的朋友感到好奇，问他道："你的运气为什么总是这样好呢？"柯克回答说："这不是我的幸运，乃是我的秘诀。"朋友急切地说："你的秘诀可以说出来让大家听听吗？"柯克笑了："当然可以，其实也是人人可以做到的事情。我是一个乐观主义者，无论对于什么事情，我从来不抱悲观态度。就算人们嘲笑我、恼怒我，我也从不变更我的主意。

并且，我还努力让别人快乐。我相信，一个人如果常向着光明和快乐的一面看，一定可以获得成功。"

是的，乐观、豁达可以使人信心百倍，即使是天大的困难，也能够克服。

多一点幽默感，那将使你觉得生活乐趣无穷。有人说中国人是不会笑的民族，这实在是一种侮辱。中国人性格虽然拘谨了一点，但不会拘谨到不会笑的程度。当然了，幽默并不等于笑话，一个油嘴滑舌喜欢说笑话的人并不一定有幽默感，相反，一个性格拘谨的人如果遇事豁达，则必定有不少幽默细胞。做人就应该多培养点幽默感，这是人类的特性之一。人生中有那么多不如意的事，能够有点幽默感，日子岂不好过得多。

笑对人生，万事都能泰然处之。这样，你就能活得轻松多了。

用健康换成功，不值得

有这么一道选择题：你最宝贵的东西是什么？选项 A：知识 B：财富 C：健康。毫无疑问，绝大多数的人会选择健康，没有健康的身体做载体，代表精神生活的知识和代表物质生活的财富都无从谈起。

"充沛的体力和精力是成就伟大事业的先决条件，这是一条铁的法则！"虚弱无力、没精打采的人有可能过上高雅的、令人羡慕的生活，但他很难走在人前。

伟大的人物往往有着旺盛的生命力，因而身体中焕发出的生命力量是巨大的。

这种力量就是布瑞汉姆领主连续工作 176 个小时的狂热，

就是拿破仑24小时不离马鞍的精神，就是富兰克林70岁高龄还露营野外的执著。格莱斯顿以84岁的高龄还能每天行数公里，到了85岁时还能砍倒大树，无不依赖于此。站在生命的门槛上，我们年轻、有朝气、充满希望。清醒地意识到自己拥有应付一切危机的力量，知道自己是世界的主人，还有什么能比这样的状态更重要呢？

"壮志未酬身先死，长使英雄泪满襟"，这是纪念古代的一位伟大人物诸葛亮的一句话。

诸葛亮是我国三国时期一位足智多谋的政治家、军事家。有许多关于他的传说，他的形象几乎被神化，成为了"智慧"的代名词。

为了统一天下、结束混乱的局面，诸葛亮"六出祁山"，但终因身体状况不佳而未能完成统一天下的重任。

我们经常可以看见，某些有谋略、有智慧、有才能的青年男女，为不健康的身体所羁绊，壮志未酬。天下最大的失望，莫过于有志而不能酬，感觉到自己有着强大的精神能力，但没有充分的体力作为拼搏的后盾；感觉到自己有凌云壮志，却没有充足的体力去实现它，这是人世间最悲哀的一件事情！

许多人之所以饱尝"壮志未酬"的痛苦，就因为他们不懂得去维持自己身体的健康。

李奋勇是一家银行的计算机专家。2005年初，他被选拔为单位系统开发小组副组长。开发工作任务极其繁重，常常晚上加班到12点左右，平均一天要有十几个小时与计算机相伴。越是天热，计算机越"犯脾气"，动不动就死机。人总感觉置身于紧张之中，即使回到家中也不能安下心来。他所负责的那部分工作是核心，所以感觉责任和压力都很大。项目内容总在脑中萦绕，挥之不去，如果不依靠酒精，就难以入眠。有一天在上班途中突然头痛，他以为是感冒了，但此后头痛就频繁发生了。

精力也大为减弱，提不起劲儿来。后来在家人的劝说下去医院就诊，被诊断为身心极度疲劳综合征。

于海洋是一家电脑公司技术咨询部门的项目主管。随着互联网的迅速发展，他们所承接的业务急剧增加，完成期限越压越短。他白天在电脑前与顾客商谈，夜里又要编程序，这样持续了一个月左右就撑不住了，先是情绪焦虑、急躁，精神状态极为不好，后来发展到不想跟任何人说话。他还觉得眼睛疲劳难受，眼前似乎总有白色光点一闪一闪的。这些感觉不断加重，他只好去医院就诊，结果被诊断为身心过度疲劳。

21世纪快节奏的生活方式，已经成为人们身体健康方面的巨大威胁。

当我们满心欢喜地享受经济发展带来的舒适生活时，当我们为自己的美好生活和家庭努力打拼时，我们同时在没完没了、应接不暇的劳作、会议、公务、应酬中，拼命地从自己的身体矿藏中索取甚至透支资源。

现在流行这么一句话：40岁之前用健康换金钱，40岁之后用金钱换健康！多么形象的描绘啊！如果我们每一个人都真正地了解了生活的本质，就不应该再用健康去换取金钱、地位、荣誉了，因为，身体第一，工作第二！健康是我们为之奋斗、赖以生存的一切，成功的方式可以有一千种，但身体只有一个！我们实在没有必要，为了成功去牺牲健康的身体！

正所谓："留得青山在，不怕没柴烧。"

记住，再多的金钱也买不来健康，再大的成功也不与健康等值。如果我们能很好地按照科学、文明的生活方式，用健康的卫生知识来充实自己，那么每一天都是成功的。

再忙你也要偷个闲

作为繁忙的都市人，你有多久没有躺卧在草地上，凝望苍穹，望天空云卷云舒，看夜空繁星闪烁了？你有多久没有亲近大地，观草木荣衰了？你有多久没有陪家人朋友共享一顿丰盛的烛光晚餐了？很久了吧，对不对？

现代人太忙了，忙碌烦躁是多数人的生活写照。每天总是忙、忙、忙，越忙碌，就越觉得生活茫然，不知为何要这么忙。于是，盲目、忙碌、茫然，成天游来荡去，即使累了、烦了，却还是摆脱不了。忙碌仿佛成了一种惯性，而一旦脱离了这种惯性，整个人又似没有了魂的幽灵，整天晃来荡去，不知所措。偶尔工作的余暇有片刻的松懈，又仿佛是偷来的快乐，不敢受用。

商界一位名人在接受采访时说道："我每天工作超过18个小时！常常是连吃饭的时间都在工作！"而此人得到的结果竟是吃了几场官司，坐了一次牢，并最终于47岁英年早逝。虽然积累了几亿财富，但在世时他得到的似乎仅仅是忙碌和烦躁而已。

忙碌已非一种状况，而成了一种习惯。没有人喜欢忙碌，但不忙碌又害怕自己会落伍，会被社会所淘汰。对于大多数人来说，淘汰的危机与发展的危机并存，因此许多人都处在不穷也不富的尴尬阶段，放弃工作便一穷二白，停下脚步便身心皆空。于是，只能马不停蹄地向前奔，只能用透支的身体作为生命中唯一的本钱，为"希望中的未来"而辛苦奔波。

没见过一只发条始终上得十足的表会走得长久；没见过一

辆马力经常加到极限的车会用得长久；没见过一根绷得过紧的琴弦不易断；也没见过一个心情日夜紧张的人不易得病。人们在尘世的喧嚣中日复一日地进行着各自的奔波劳碌，像蜜蜂般振动着生活的翅膀，难免会有种种不安。所以，我们何不放慢脚步，静下心来想想，每分每秒的忙碌，除了累坏身体，增加脸上的皱纹外，我们又得到了什么？

"革命尚未成功，同志仍须努力"，社会要发展，人类要进步，忙是自然要忙的。然而这绝不是人生的全部。人生不仅需要工作，也需要休息，不仅需要忙碌，也需要休闲。我们不能无休止地忙，人生如果没有休闲，就像一幅国画挤满了山水而不留一点空隙，缺乏美感。人生没有悠闲，就不能领悟、体味、享受人生。所以忙碌中要学会偷闲。

泰戈尔在《飞鸟集》中写道："休息之隶属于工作，正如眼睑之隶属于眼睛。"不会休息的人就不会工作，只有休息好了，才能更好地工作，才会有更好的生活。如果一味地、盲目地去忙，连革命的本钱都搞垮了，那人生也就没有忙的意义了。正如我们崇拜陈景润，但我们不赞成他那种不顾一切，废寝忘食，以致英年早逝的生存哲学。

人生就像登山，不是为了登山而登山，而在于攀登中的观赏、感受与互动，如果忽略了沿途风光，也就体会不到其中的乐趣。人们最美的理想、最大的希望便是过上幸福生活，而幸福生活是一个过程，不是忙碌一生后才能到达的一个顶点。

古人云："一张一弛，文武之道也。"人生也应该有张有弛，也应该忙中有闲。人生就像条弦，太松了，弹不出优美的乐曲；太紧了，容易断；只有松紧合适，才能奏出舒缓优雅的乐章。

列宁曾经说过："不会休息的人就不会工作。"悠闲与工作并不矛盾。处理好二者的关系，最重要的是能拿得起，放得下。工作时就全身心投入，高效运转。放松时就放松，把工作完全放在一边，不要总是牵肠挂肚，去钓鱼，去登山，去观海，想干啥就干啥。

其次就是工作、休闲应该搭配得当，不能忙时累个半死，闲时又闲得让人受不了。可以隔三岔五地安排一个小节目，比如雨中散步、周末郊游、鸳鸯共浴等。适时地忙里偷闲，可以让人从烦躁、疲惫中及时摆脱，为更好地工作积蓄精力。

第六章

仔细想想，你需要重视身边的人

　　我们每个人每天都要接触非常多的人，不管是认识的抑或不认识的。但在我们的周围，总有那么几个人会成为我们最好的朋友，对于他们，我们常常会有些抱怨，总是觉得他们不够重视自己。其实，不是他们不够重视你，而是你对他们的要求太高了，当某一天他们离开你，你就会发现你是那样的不习惯！

感激相遇，都是缘分

　　回家的公车上，在市中心靠站时，乘客顿时多了起来。一对上班族男女恰巧在我身边，吸引了我的目光。可能因为人多，男的不时用手臂围住女的，并轻声地问："累不累？待会想吃些什么？"只见女的不耐烦地回答："我已经够烦了，吃什么都还不先决定，每次都要问我。"男的一脸无辜地低下头，而后说了令我印象深刻的话。"让你决定是因为希望能够陪你吃你喜欢的东西，然后看到你满足的笑容，把今天工作的不愉快暂时忘掉。我的能力不足，你工作上所受的委屈我没法帮你，我所能做的也只有这样。"女的听了后，满怀愧疚地说了声对不起。男的这才重燃信心般地说："没关系，只要你开心就好。"而后亲吻了女人的头发。

　　公车到站，我下车前再回头看看这对情侣，男的依旧保护着心爱的人。这样的情景，让我想起自己今天同样在工作上有些许不愉快，如果没有听到这一段对话，回家后的我，可能也是用着一副全世界都对不起我的臭脸面对心爱的人，只在乎自己的委屈，却忽视对方的感受，不自觉地伤害最亲密的人。所以在踏进家门时，我告诉自己，难道我要像公车上那位女孩一样将自己的不满委屈带给身旁的人吗？不，我想我现在应该做的是别再把工作上的情绪发泄在心爱的人身上，破坏最亲密的关系，并且我需要主动给自己一个微笑。

　　相遇，不是用来生气的。说得真好，当自己快控制不住情绪时想想这句话，应该会给繁忙的生活加些微笑的因子吧！

　　有一位金代禅师非常喜爱兰花，在平日弘法讲经之余，花费了许多的时间栽种兰花。有一天，他要外出云游一段时间，临行前交待弟子要好好照顾寺里的兰花。在此期间，弟子们总是细心照顾兰花，但有一天浇水时却不小心将兰花架碰倒了，所有的兰花盆都跌碎了，兰花散了满地。弟子们因此非常恐慌，打算等师父回来后，向师父赔罪领罚。

金代禅师回来了，闻知此事，便召集弟子们，不但没有责怪，反而说道："我种兰花，一来是希望用来供佛，二来也是为了美化寺庙环境，不是为了生气而种兰花的。"金代禅师说得多好。"不是为了生气而种兰花的。"而禅师之所以看得开，是因为他虽然喜欢兰花，但心中却无兰花这个碍。因此，兰花的得失，并不影响他心中的喜怒。

同样地，在日常生活中，我们牵挂得太多，我们太在意得失，所以我们的情绪时常起伏，我们不快乐。在生气之际，我们如能多想想"我不是为了生气而工作的""我们不是为了生气做教书的""我不是为了生气而交朋友的""我不是为了生气而成为夫妻的""我不是为了生气而生儿育女的"，常怀感恩之心，感谢我们的相遇，感谢我们相遇后相知相伴的时光，那么我们会为自己烦恼的心情辟出另一番安详。

所以，看完之后，当你要和人吵架时，一定要记得，你们的相遇，不是用来生气的，应用感激的目光来注视着这难得的缘分。

静坐常思己过

"静坐常思己过，闲谈莫论人非"，这句话虽然听来未免迂腐，可是仔细想想，它却有很值得我们遵行的地方。

　　"静坐常思己过"是一种反省的功夫。我们假如常能在静下来的时候，想到自己在做事或待人方面有疏忽、有欠缺的地方，自然就减少了对别人抱怨嫉恨或报复的心情；同时，由于明白了自己的过失而得到一些启示，以后将不致再犯同样的过错。这是前人劝我们"静坐常思己过"的真正意义。

　　如果你能做到每天反省 3 分钟，将会受益匪浅。

　　所谓"反省"就是反过来省察自己，检讨自己的言行，看有没有要改进的地方。为什么要反省？人人都不完美，总有个性上的缺陷、智慧上的不足。年轻人缺乏社会阅历，常会说错话、做错事、得罪人。你所做的一切，有时候别人会提醒你，但绝大部分人看到你做错事、说错话、得罪人都不会说，因此你必须通过反省的方法去了解自己的所作所为。

　　反省些什么呢？反省那些在你的成长中有用的事吧！

　　人际关系是你成长中的大事。反省今天你有没有做了不利于人际关系的事，对某人说的那一句话是否得体，某人对我不友善是怎么一回事。

　　方法比努力更重要。反省今天所做的事是否有不适当之处，应该怎样做才会更好。

　　进步是成长中必不可少的。反省到目前为止你做的事是否使自己进步了，时间有无浪费，目标完成了多少。

　　反省的好处则在于可以修正自己的行为和方向，从而使自己进步。

　　当然，那些不反省的人也不一定会失败。因为，一个人的成败和个人先天条件、后天训练以及机会都有关系。天底下就有从不反省自己，但却飞黄腾达的人。

　　很多伟人都有反省的习惯，因为唯有反省，才不会迷失，才不会做错事。

　　著名作家李奥·巴斯卡力，写了大量关于爱与人际关系方面的书籍，影响了很多人的生活。

据说，他之所以有这样卓越的成就，完全得益于小时候父亲对他的教导。小时候，每当吃完晚饭时，他父亲就会问他："李奥，你今天学了些什么？"这时李奥就会把在学校学到的东西告诉父亲。如果实在没什么好说的，他就会跑到书房拿出百科全书学一点东西，然后告诉父亲后才上床睡觉。

这个习惯一直到如今还维持着，每天晚上他都会拿10年前父亲问他的那句话来问自己，若当天没学到点什么东西，他是不会上床的。这个习惯时时刺激他不断地吸取新的知识，产生新的思想，不断进步。

无独有偶，在一位作家的书房里，赫然醒目地挂着一张条幅："在飞逝的今天，你为生活留下了什么？"而且问号写得特别大。这位作家说："这张条幅像悬在我脊梁上的一条鞭子，问号像一把锋利的钩，直刺我的心灵。"他认为，善待每一天是成功人生的真实写照。每一天都是描绘成功人生画卷的一笔，我们必须认真地画好每一笔。人生也好比一卷长长的胶片，每一格胶片记录着每天的生活态势。

反省是自我认识水平进步的动力。反省是对自我的言行进行客观地评价，从而认识自我存在的问题，修正偏离的行进航线。

反省的目的在于建立一种监督自我的畅通的内在反馈机制。通过这种机制，我们可以及时知晓自己的不足，及时纠正不当的人生态度。良好的反省机制是自我心灵中的一种自动清洁系统或自动纠偏系统。反省是砥砺自我品格的最好磨石，它能使你的想象力更敏锐，它能使你真正认识自我。

曾子云："吾日三省吾身。"这是圣贤的修身功夫，凡人不易做到，但能时时提醒自己，检视一下自己的言行也不是太难的事。一个人一旦有了不当的观念，或做了对不起人的事，可能瞒得过其他人，但绝对骗不了自己。

　　人之所以会做对不起别人的事，不单是外界的诱惑太大，更多的是自己的欲念太强，理智屈就于本能冲动。一个常常自我反省的人，不仅能增强自己的理智感，而且知道什么是自己该做的、什么是自己不该做的。

　　我们要从以下几个方面认识反省、看待反省：

　　1. 正视人性的弱点，认识反省自我的必要性。毋庸置疑，人的通病都是"长于责人，拙于责己"或"以自我为中心"。反省要求的是"反求诸己"，而不是找他人的不是。反省是一面心境，通过它可以洞观自己的心垢。自我如同眼睛一样可以尽情地看外面的世界，却无法看到自己。反省机制的建立将彻底改变这一局限。说反省难就难在你不愿意去看到心垢，没有勇气去洗刷它。

　　2. 反省是认识自我、发展自我、完善自我和实现自我价值的最佳方法。成功学专家罗宾认为，我们不妨在每天结束时好好问问自己下面的问题：今天我到底学到些什么？我有什么样的改进？我是否对所做的一切感到满意？如果你每天都能提高自己的能力并且过得很快乐，必然能够获得意想不到的丰富人生。真诚地面对这些提出的问题就是反省，其目的就是要不断地突破自我的局限，省察自己，开创成功的人生。

　　3. 反省的内容就是时时扪心自问，这是郑重的人生之问。每天进行心灵盘点，有益于及时知道自己近期的得与失，思考今后改进的策略。

　　4. 反省的立足点和取向主要是针对自己，是省悟自身的不是。这不仅是自身素质不断完善的手法，而且是融洽人际关系的法宝。比如，"念自己有几分不是，则内心自然气平；肯说自己一个不是，则人之气亦平""自知其短，乃进德之基""先问自己付出了多少，再问人家给了多少"等等，都是很好的反省方法。若我们能时时这样去反省，就能使自己心平气和，善结人缘，力求进取，开创光辉的人生。

反省的方式可以灵活多样，至于反省的方法，有人写日记，有人则静坐冥想，只在脑海里把过去的事拿出来检视一遍。

只要我们关注自身的发展，就无法回避认识自我。我是谁？我能干什么？我做得怎么样？我要到哪里去？……茫茫人生跋涉旅途，我们必须亮起一盏心灯，时时叮嘱自己"一路走稳"。只有这样，我们的成功之路才能越走越宽广。

事实上，反省无处不在，完全不必拘泥于任何形式。

你可在夜阑人静的时候反省，也可在散步运动或自己独处的时候反省。

总之，你要把反省的时间安排在心境平静的时候——湖面平静才能映现你的倒影，心境平静才能映现你所做的一切。

有一种"每日四问"的日记法可以推荐给你。这4个问题是：

今天我改了什么？

今天我有什么值得感谢的？

今天我有哪些可以做得更好？

今天我学会了什么？

把"每天反省三分钟"当成每日的功课吧，它能修正你做人处事的方法，让你有更明确的方向，让你快乐成长。

指责他人你就能快乐吗

英国学者托马斯·富勒曾经写道："失足引起的伤痛很快就可以恢复，然而，失言所导致的严重后果，却可能使你终身遗憾。"

　　一个人若想和上司、同事建立良好的人际关系，一定要记住：保持适当距离，做事公私分明，尤其要注意言谈之间不要戳到别人的痛处，更不要轻易指责别人。

　　弗兰克林年轻的时候不仅善辩，而且十分好辩。只要听到身边的人说出不正确的话，做出不正确的事，他就忍不住要给人指出来。如果那个人不服气，他一定会把人辩得体无完肤。结果得罪了不少人。

　　一天，一位教友会里的老教友把他叫到一边，结结实实地把他训了一顿："弗兰克林，你太不应该了。你打击跟你意见不合的人。现在已没有任何人理会你的意见。你的朋友发觉你不在场时，他们会获得更多的快乐。你知道得太多了，以致再也不会有人告诉你任何事情……其实，你除了现在极有限度的知识外，不会再知道其他更多了。"

　　弗兰克林之所以能成功，成为美国历史上一位以能干、和蔼、善于外交而著名的人物，要归功于那位老教友尖锐有力的教训。那时弗兰克林的年纪已不小，有足够的阅历来领悟其中的真理。他已深深知道，如果不痛改前非，将会遭到社会的唾弃。所以他把自己过去那不切合实际的人生观完全改了过来。

　　后来，弗兰克林在他的传记中这样写道："我替自己定了一项规则，我不让自己在意念上跟任何人有不相符的地方，我不固执肯定自己的见解。凡有肯定含意的字句，就像'当然的''无疑的'等话，我都改用'我推断''我揣测'或者是'我想象'等话来替代。当别人肯定地指出我的错误时，我放弃立刻就向对方反驳的意念，而是作出婉转的回答，如：在某一种情形下，他所指的情形是对的，但是现在可能有点不同。不久，我就感觉到由于我态度改变所获得的益处：我参与任何一处谈话的时候，感到更融洽、更愉快了；我谦虚地提出自己的见解，他们会快速地接受，很少反对；当我被人们指出错误时，我并不感到懊恼。在我'对'的时候，我更容易劝阻他们放弃他们的错误，接受我的见解。这种做法，起先我尝试时，'自我'很激烈地趋向敌对和反抗，后来很自然地形成习惯了。在过去五十年中，可能已没有人听我说出一句武断的话来。在我想来，那是由于养成的这种习惯，使我每次提出一项建议时，都得到人们热烈的支持。我不善于演讲，没有口才，用字艰涩，说出来的话也不得体，可是大部分有关我的见解，都能获得人们的赞同。"

弗兰克林的方法，用在商业上又如何？

纽约自由街11 4号的玛霍尼，出售煤油业专用的设备。长岛一位老主顾，向他订制一批货。那批货的制造图样已呈请批准，机件已在制造中，可是一件不幸的事忽然发生了。

这位买主跟他的朋友们谈到这件事，那些朋友提出了多种见解和主张，有的说太宽太短，有的说这个那个。他听朋友们这样讲，顿时感到烦躁不安起来，立即打了个电话给玛霍尼，说绝对拒绝接受那批正在制造中的机件设备。

玛霍尼先生说出当时的情形：

我很细心地查看，发现我们并没有错误……我知道这是他和他的朋友们不清楚这些机件的情况。可是，如果我直率地说出那些话来，不但不恰当，反而会拖延这项业务的进展。所以我去了一趟长岛。

我刚进他办公室，他马上从座椅上跳了起来，指着我声色俱厉地叫嚷，要跟我打架似的。最后他说："现在你打算怎么办？"我心平气和地告诉他，他有什么打算，我都可以照办不误。

我对他这样说："你是出钱的人，当然要给你所适用的东西。如果你认为你是对的，请你再给我一张图样。虽然由于进行这项工作，我们已花去两千元。我情愿损失两千元，把进行中的那些工作取消，重新开始做起。不过我必须把话先说清楚，如果我们按你现在给我的图样制造，有任何错误的话，那责任在你，我们不需要负任何责任。可是，如果按照我们的计划，进行制造的过程中如果有任何差错出现，则由我们全部负责。"

他听我这样讲，这股怒火似乎渐渐平息下来，最后他说："好吧，照常进行好了，如果有什么不对的话，只好求上帝帮助你了。"

结果，我们做对了，现在他又向我们订了两批货。

当那位主顾侮辱我，几乎要向我挥拳，指责我不懂自己的业务时，我用了我所有的自制力，才让自己不跟对方争论辩护。那需要有极大的自制力，可是我做到了，那也是值得的。如果当时我告诉他，那是他的错误，并开始争论起来，他说不定还会向法院提起诉讼。而其结果不只是双方起了恶感，经济上受到损失，还同时失去了一个极重要的主顾。我深深地体会到，如果直率地指出人家的错误，那是不值得的。

让我们再看第二个例子，情形是这样的：

纽约泰洛木厂的推销员克劳雷，这些年来一直在说木材检查员的错处，他常在争论辩护中获胜，可是就没有得到过一点好处。就是由于好争辩，使克劳雷的两家木厂损失了上万元的钱。后来他决定改变他的策略，不再争辩了，结果如何呢？他是这样说的：

"有一天早晨，我办公室的电话铃响了，那是一个愤怒的顾客打来的电话，他说我们送去工厂的木材完全不适用，他的工厂已停止卸货，并且要求我们立即设法把那些货从他们工厂运走。当他们卸下一车的 1/4 货时，他们的木料检查员说，木料在标准等级以下 55%，在这种情形下，他们拒绝收货。

"我知道这情形后，立即去他的工厂。在路上，心里就在盘算，怎样做才是处理这件事的最好方法。在平常我遇到这种情形时，就需引证木料分等级的各项规则；同时以我自己做检查员的经验和常识，来获取那位检查员的信任。我有充分的自信，我们的木料确实是合乎标准的，他检查上误解了规则。可是，我还是运用了从讲习班中所学到的原则。

"我到了那家工厂，看到采购员和检查员的神色都很不友善。似乎已准备了要跟我谈判交涉。我到他们卸木料的地方，要求他们继续下货，以便让我看看错误出在什么地方。我请那位检查员把合格的货放在这边，把不合格的放另一边。

"我看过一阵子后，发现他的检查过于严格，而且弄错了规则。这次的木料是白松，我知道这位检查员可能只学过关于硬木的知识，而对于眼前的白松并不是很内行。而我对白松知道得很清楚，可是，我是不是对那位检查员有不友好的意思？不，绝对没有。我只注意他如何检查，试探地问他那些不合格的原因。我没有任何暗示，也没有指出是他错了。我只做这样的表示：为了以后送木材时不再发生错误，所以才接连地发问。

"我以友好合作的态度，跟那位检查员交谈，同时还称赞他谨慎、能干，说他找出不合格的木材来是对的。这样一来，我们之间的紧张气氛渐渐地消失，接着也就融洽起来了。我会极自然地插一句，那是经我郑重考虑过的话，使他们觉得那些不合格的木材应该是合格的。可是我说得很含蓄、小心，让他们知道我不是故意这样说的。

"渐渐地，他的态度改变了！他最后向我承认，他对白松那类木材并没有很多的经验，他开始向我讨教各项问题。我便向他解释，如何分辨一块合乎标准的木材。可是我又做这样的表示，如果不合他们的需要，他们可以拒绝收货。最后，他发现错误在他自己，原因是他们并没有指出需要上好的木料。

"我走后，这位检查员又将全车的木材检查了一遍，而且全部接受下来，同时我也收到一张即期支付的支票。

"从这一件事看来，任何事情并不需要告诉对方，他是如何犯了错误。就我来讲，我替公司挽回了可能出现的损失，而双方所留下的好感就不是用金钱所能估计的了。"

20 个世纪以前，耶稣曾经这样说过："赶快赞同你的反对者。"在人类社会已步入 21 世纪的现在，我们也应该牢记：尊重别人的意见，永远不要轻易地去指责对方。

自己身边的人其实很美

常有这样的事情发生，一个人在婚前苦苦等待、寻觅多年，也未曾遇见一个特别心仪的异性，于是随便找一个还算过得去的就结了婚，日子倒也过得安定祥和。可是上天仿佛有意捉弄人，婚前苦等不见，婚后却总是有机会在某个场合遇见那个曾经苦苦期待的人。也许是一句话，也许是一个眼神就能点燃你的心火。有时候你不禁疑惑：这到底是命运的安排还是魔鬼的诱惑。此刻，有的人往往会心神动摇，因此，原本美好安稳的生活也被打破了。

其实，因抵制不住诱惑而放弃原本美好生活的人是极其不明智的。仔细想一想，如果用你的一生去等待，你总能找出最适合自己的那个人，但是你能用一生去等待吗？既然不能，就珍惜身旁那个他（她）吧，也许不是他（她）不适合你，而是你没有用心去体会。只要你多去留意，你会发现，身边的他（她）其实很美。

记得有个高中同学，他经人介绍认识了现在的妻子，当时他也算个大龄青年了，虽然妻子没有给他那种一见钟情的感觉，但人也不错，于是他们就结了婚。婚后的生活也还恩爱甜蜜，但随着岁月的流逝，他开始慢慢冷落了妻子。他感到自己没有激情，他的心思开始飘到了家庭之外。

一日，他在晚报上看到了一篇化名文章，写的是一个女子对婚姻生活的失望。那优美的文字以及字里行间流溢出的淡淡忧郁，让他感到这是一个有才情的女子。

他似乎一下子找到了知己，生命里那从未有过的情感瞬间被触动了。他禁不住写了一封信，请编辑转给作者。在信中他说：你的文字优美，感情细腻丰富，你的爱人他怎会就不知道珍惜呢？

他期待着女子的回复，却一度让他失望了。

一个周末，妻子在洗衣。他突然发现桌上放着那封信。天！是他写给那位化名女作者的。他一惊，继而释然：自己怎么忘了妻子曾写得一手好文章呢？

他走进屋里仔细看着妻子的脸，其实妻子还是很好看。他对她说："我来洗。"妻子一笑，很惊奇。他轻拉住她的手。后来他告诉我们，自己好浑。

有人说身边没有风景。这话是真理也是谬论，风景其实就在你身边，关键在于你是否有欣赏风景的心境罢了。

有时，人的贪欲太大，明明幸福就在手中，却不着边际地遐想可能还有更好的，于是又放弃已握在手的幸福，去追求那虚无缥缈的美好，孰不知更好的幸福也许正是你的坟墓，得不偿失！

所以还是安下心来，用心去欣赏你身边的他（她），他（她）其实真的很美。

把快乐的种子撒满自己的周围

家是爱的温床，是幸福与安全的港湾，是快乐与舒适的家园，但是，这些内在的境界绝不可能凭空出现，而是需要家里所有成员一起努力，共同经营。

如果每个人都带着快乐和欢笑回家，那么家里自然充满笑声；反之，家必然会罩上愁云惨雾。

有一次，我到一个朋友家做客，看见他家门上挂了一块精致的木牌，上头写着："把快乐带回家。"进屋后，朋友和其妻子笑脸相迎，他们的家人也大方有礼，非常热情，我顿时感觉到充盈在整个屋内的温馨和谐。

出于好奇，我就问那块木牌的由来，女主人笑着望向她的丈夫："还是你说吧。"朋友极其温柔地瞅着妻子，说："还是你说吧，因为这是你想出来的。"

"怎么是我？应该是我们共同的创意才对。"女主人甜蜜地说。

经过一番推辞，女主人大方地说道："你不说，那我就说了。之所以想写点东西提醒大家，是因为有一次回家看见上电梯的人都是疲惫不堪的样子，紧拧的眉毛、下垂的嘴角、烦愁的眼睛……把我自己吓了一大跳，于是，我开始想，当孩子、丈夫面对这样愁苦暗沉的面孔时，会有什么感觉？假如我面对的也是这副脸孔，会有什么样的反应？接着，我想到孩子在餐桌上的沉默、丈夫的冷淡，这些我原先认为是他们自己出了问题，或许其中隐藏了我所不理解的原因，想来想去觉得还是自己做得不够好……当晚我便和他好好谈了我的想法，他也同意我的想法。第二天就写了一方木牌钉在门上，结果，被提醒的不只是我而是一家人。这不，现在整栋楼的居民居然都比以往和气多了。"

心理学家告诫人们，应留意"情绪病"的感染，人不仅易染上由细菌病毒等致病源引起的疾病，而且也会染上危害心理健康的"情绪病"，如沮丧、不快、悲痛等。因此，防止"情绪病"的感染，对于心理健康至关重要。

是的，在生活中，我们在家中对亲人的态度是怎样的呢？是否在抱怨亲人对自己不理解的同时，并没有注意到自己的情绪其实也不好呢？家应该是一个温馨的场所，应该是心灵的港湾。而现实当中，又有多少家庭是真正完美与幸福的呢？在一个个看似美满的家庭中是不是也蕴含着危机呢？我认为家庭不幸福的一个重要原因就是当事人没能好好地进行沟通，相互不理解、不信任，导致不是明枪暗剑，就是冷嘲热讽。另外，把在工作中的不愉快带回家中，这样不是更加重了相互之间的不快乐吗？

人们往往都有这样的特点，自己办不到的事却希望别人尤其是最亲近的人能办到。在家中，人人都希望别人尊重自己、体贴自己、理解自己、了解自己、对自己好、为自己带来欢乐，却很少思考自己给这个家带来了什么。

"家"只是一个硬件，而"人"才是组成并发挥功用的软件。每个人都带一些快乐与欢笑回家，家里自然就充满笑声；相反，每个人都带着烦恼与不快回家，那么家中的气氛又怎么能好得起来呢？

相互沟通是必要的，有话不要总是放在心里，让人去猜测你的所思所想。只有将苦恼倾诉出来，才能得到你的另一半的理解与支持啊！

家应该是心灵停靠的温馨的港湾，愿人们在忙碌完一天的工作时，在回家的路上，记住对自己说：扔掉烦恼，把快乐带回家！

予人快乐的同时予己也快乐

英国《太阳报》曾以"什么样的人最快乐"为题，举办了一次有奖征答活动，从应征的八万多封来信中评出4个最佳答案：

1. 作品刚刚完成，吹着口哨欣赏自己作品的艺术家；
2. 正在用沙子筑城堡的儿童；
3. 为婴儿洗澡的母亲；
4. 千辛万苦开刀后，终于挽救了危重病人的外科医生。

从第一个答案中，我们知道必须工作，有工作，就会使人快乐；第二个答案告诉我们，要学会快乐，必须充满想象，对未来充满希望；第三个答案告诉我们，要学会快乐，一定要心中有爱，那种无私的、不记报酬的爱；第四个答案告诉我们，要学会快乐，一定要有能力，要有助人为乐的技能，只有这样的人，世人才会给他最美妙的报偿，正所谓予人快乐予己快乐。

给予是快乐的源泉，为别人带来快乐的同时，我们自己也会处于快乐的包围之中。快乐是可以分享的，你给别人带来了快乐，你分享给别人的快乐越多，你获得的快乐就会越多。你把幸福分给别人，你的幸福就会更多。但是，如果你把痛苦和不幸分给别人，那你得到的也只能是痛苦和不幸。生活中，你如果整天以一副愁眉苦脸待人，那别人会以同样的面孔对你，你将会看到更多的愁容；相反，如果你以笑脸迎人，你便会看到更多的笑脸，你的快乐心情就加倍了。

从前有个国王，非常疼爱他的儿子，总是想方设法满足儿子的一切要求。可即使这样，他的儿子却总是整天眉头紧锁，面带愁容。于是国王便悬赏找寻能给儿子带来快乐之能士。

有一天，一个大魔术师来到王宫，对国王说有办法让王子快乐。国王很高兴地对他说："如果你能让王子快乐，我可以答应你的一切要求。"

魔术师把王子带入一间密室中，用一种白色的东西在一张纸上写了些什么交给王子，让王子走入一间暗室，然后燃起蜡烛，注视着纸上的一切变化，快乐的处方会在纸上显现出来。

王子遵照魔术师的吩咐而行，当他燃起蜡烛后，在烛光的映照下，他看见纸上那白色的字迹化作美丽的绿色字体："每天为别人做一件善事！"王子按照这一处方，每天做一件好事，当他看见别人微笑着向他道谢时，他开心极了。很快，他就成了全国最快乐的人。

许多人活一辈子都不会想到，自己在帮助别人时，其实就等于帮助了自己。他们会问："明明是我去帮助他们，他们受惠，怎么会是帮助自己呢？我受的惠在哪里呢？"其实一个人在帮助别人时，无形之中就已经投资了感情，别人对于你的帮助会永记在心，只要一有机会，他们就会主动报偿的。

一个极其寒冷的冬日夜晚，路边一间简陋的旅店迎来一对上了年纪的客人。然而不幸的是，这间小旅店早就客满了。"这已是我们寻找的第 16 家旅社了，这鬼天气，到处客满，我们怎么办呢？"这对老夫妻望着店外阴冷的夜晚发愁地说。

店里的小伙计不忍心这对老人出去受冻，便建议说："如果你们不嫌弃的话，今晚就住在我的床铺上吧，我自己在店堂里打个地铺。"老夫妻非常感激，第二天要照店价付客房费，小伙计坚决拒绝了。临走时，老夫妻开玩笑地说："你经营旅店的才能可以当一家五星级酒店的总经理了。"

"那敢情好！起码收入多些可以养活我的老母亲。"小伙计随口应道，哈哈一笑。

没想到两年后的一天，小伙计收到一封寄自纽约的来信，信中夹有一张往返纽约的双程机票，邀请他去拜访当年那对睡他床铺的老夫妻。

小伙计来到繁华的大都市纽约，老夫妻把小伙计引到第五大街和三十四街交汇处，指着那儿的一幢摩天大楼说："这是一栋专门为你兴建的五星级宾馆，现在我们正式邀请你来当总经理。"

年轻的小伙计因为一次举手之劳就美梦成真。这就是著名的奥斯多利亚大饭店经理乔治·波菲特和他的恩人威廉先生一家的真实故事。

真正有涵养的人，在别人适逢痛苦或遭遇不幸时，绝不冷眼旁观，而是尽自己的力量和可能给予同情和帮助。即使是再普通的关系也应该表现出你的热情。只有真诚地待人，别人才会真诚地对你。那种虚情假意，甚至想捉弄人、看别人笑话的人，是注定不会有朋友的。只有互助才会双赢。

两个钓鱼高手到鱼池垂钓，不久收获颇丰。忽然，鱼池附近来了十多名游客，也开始垂钓。没想到，不管他们怎么钓也是毫无成果。

那两位钓鱼高手，一位孤僻而不爱搭理别人，单享独钓之乐；而另一位却是个热心、爱交朋友的人。爱交朋友的这位高手，看到游客钓不到鱼，就说："这样吧！我来教你们钓鱼，如果你们学会了我传授的诀窍，钓到一大堆鱼，每十尾就分给我一尾。不满十尾就不必给我。"

对方欣然同意。就这样，这位热心助人的钓鱼高手，把所有的时间都用于指导垂钓者，获得的竟是满满一大箩筐鱼，还认识了一大群新朋友，同时，听着左一声"老师"，右一声"老师"，备受尊崇。而另一个同来的钓鱼高手，却没享受到这种服务于人们的乐趣。

想要快乐吗？那就无私地去帮助别人吧！

学着做一个幽默的人

具有适当幽默感，不仅能给你的事业带来极大的好处，而且会使你的工作更有乐趣。幽默可以消除紧张情绪，创造一种轻松愉快的工作气氛，从而使你的事业更为成功。它同样也是塑造成功形象的一个因素。每当面临选择时，绝大多数人都愿意与那些有幽默感的人打交道。

有一位朋友就讲了以下这个幽默给她带来好运的经历。

记得一次应聘一个职位，简历寄去后，对方将抱歉未能录用的 E-mail 发给了我。可能是由于系统错误，对方发了两封抱歉信给我。我毫不犹豫地回了一封信："既然您对未能录用我如此遗憾，为什么不给我一次面试机会呢？"不知是不是这封信起的作用，后来我得到了这个公司另一个更好职位的面试机会。

在与我的外国经理相处的过程中，我不失时机地幽他一默，总能"化险为夷"，得到快乐的结局。有一天，经理不小心把可乐打翻在他办公室的地毯上，他激动地告诉我蟑螂部队准保会因此大规模地袭击他的办公室。我想了想，微笑着说："绝对不会发生这种事，因为中国蟑螂只爱吃中餐。"经理的脸色放晴了，高兴地朗声大笑。

有一回面试，我穿着牛仔裤就去了。老美考官突然冷不丁地问我："请问你为什么穿牛仔裤来参加面试呢？"我急中生智，快速答道："今天不是周五吗？周五不是'便装日'吗？"记得原来在另一家美国公司工作时，周五总是有一幅漫画贴出来，漫画上的公司职员都穿睡衣，穿着拖鞋，睡眼惺忪的模样，旁边标注着大写的"Friday"（星期五）。果然不出所料，老美哈哈大笑，我自然顺利地得到了这份工作。

适度的幽默就像是一根闪着金光的魔杖，轻轻地挥舞着它，让苍白的办公室生活开出五颜六色的花朵来。

优雅与幽默是一种恒久的时尚。从一个人优雅的举止里可以看到一种文化教养，让人赏心悦目；从一个人的幽默中可以品味出一种独特的机智，让人开怀大笑。

幽默，可以出奇制胜，化腐朽为神奇，藏丑显美。古希腊著名哲学家柏拉图长得一点都不好看，但他却谈笑风生，说自己的眼睛像金鱼一样凸显，这符合光学上的透视原理；鼻子朝天冲去，有利于呼吸新鲜空气；嘴阔大无比，可以同姑娘高质量地接吻。听了这些有趣的话，人们不但不会对这位相貌丑陋的大哲学家感到厌恶，反会觉得他长得有个性，丑得恰到好处！

幽默，可以显露其谦虚的个性。外国一位著名的女汉学家因非常醉心钱钟书先生的著名小说《围城》，几次远涉重洋来到北京，哭着喊着想见钱钟书先生一面，但自始至终，钱先生就是不给这位洋女士一个面子。只是让人捎话给她说，如果你觉得鸡蛋好吃，你就只管吃鸡蛋好了，何必一定要去见那只呱呱叫的老母鸡呢？

幽默，是一个人个性、情感、胸襟和才识等综合魅力的展示。幽默的形式，或自嘲或讽喻，不一而足。幽默的场所，可以说是无时不有，无处不在。社交场合来点幽默，可以先声夺人，活跃气氛，使自己同陌生人之间一下子拉近距离。

有一次老舍先生见到了梅兰芳大师说，咱们两个人你是"君子"，我是"小人"，一句话使得梅先生及在场的许多文化名人茫然无措。当老舍先生道出其天机，"君子动口，小人动手"，梅先生唱戏是"动口"，自己创作是"动手"，大家顿时忍俊不禁，气氛一下子热烈起来。

幽默的人，魅力无穷。幽默的人，人见人爱。幽默，不是语言上的巧嘴贫舌，而是多姿多趣的心智的折射。

幽默有一种魅力，一个富有幽默感的人，无疑也是一个语言大师。

那么，如何做到幽默风趣呢？

首先，利用玩笑、轶事或妙语产生幽默。一个得体的玩笑、轶事或妙语会使谈话的气氛变得活跃、丰富。

　　纽约一家大型公共关系机构的撰稿人范·米特说："幽默必须自然地出自讲话者之口。如果一位高级官员在其亲朋好友中都开不成玩笑，那他在公共场合永远也不会以玩笑取胜。"当然，幽默不只是玩笑。事实上，某些最优秀的谈话者根本就不开玩笑，他们通过寓意深刻的轶事、滑稽可笑的故事而使主题增色。

　　其次，利用修辞产生幽默。比喻、反语等修辞手法本身就含蓄幽默。如公司公关人员这样告诉公众："广告对商业是有益的，因为它使人们了解到可供选用的产品。"公众可能会对其报以不耐烦的哈欠声，说："唉！那又怎么样？我们知道。"其实，他打个比方可以表达同样的意思："做生意而没有广告，就像你在黑暗中向一个女孩传递秋波，除了你自己，谁也不知道你在做什么。"这位公关人员的意思就会被听众理解和接受。

　　正话反说。把欲表达的意思反过来说，可增添不少幽默的成分。有一次萧伯纳在街上行走，被一个冒失鬼骑车撞倒在地，幸好没有受伤，只是虚惊一场。骑车人急忙扶起他，连连道歉，可是萧伯纳却做出惋惜的样子说："你的运气不好，先生，你如果把我撞死了，你就可以名扬四海了！"

　　直言不讳。这种方法就是直接拿自己的某个缺点以幽默的话语主动示人。邓小平个子矮，他曾经幽默地说："天塌下来，有高个子顶着。"既坦然承认了自己的缺点，又不至让自己太尴尬。还有这样一个例子：著名画家韩羽是秃顶，他曾经写过一首《自嘲》诗："眉眼一无可取，嘴巴稀松平常，惟有脑门胆大，敢与日月争光。"让人读后不仅不会笑话他的缺点，反而称赞其乐观大度的为人处世哲学。

　　以柔克刚。这种方法是不直接回答对方，而是顺着对方的话语，以静制动，变被动为主动。美国前总统林肯在一次演讲时，有人递他张纸条，上面只写了"笨蛋"两个字。他举着这张纸条镇静地说："本总统收到过许多匿名信，全都是只有正文，不见署名，而这位先生正好相反，他只署了自己的名字，而忘了写内容。"林肯以柔克刚，在笑声中不仅替自己解了围，也有力地回击了对方。

偷梁换柱。把另一种事物的特征以移花接木之术转换到此事物上，听后肯定让人忍俊不能。我国古代有位诸侯王，因处理朝政操劳过度，精神萎靡，食不甘味，睡不安枕，噩梦连连，头昏脑胀，胸闷气短，日渐消瘦。大臣们为其到处寻医，可试遍了各种良方，病情却毫无起色。后来请来了扁鹊，诊视完后扁鹊说："陛下得的是月经不调。"诸侯王听罢哈哈大笑："荒唐，我乃男子，何来月经不调之理。"笑得他前俯后仰，眼泪都出来了。此后，他每当与别人谈起此事还大笑不止，可说来也怪，过了不长时间，他的病情居然慢慢好转起来，不久就痊愈了。运用幽默的故事和风趣的语言去刻画复杂的事物，往往几句话就可以使你的形象树立在公众面前，使听众在笑声中增加对你的印象和信任。

具有幽默气质的人，都有一种超群的人格，能感受到自己的力量，以愉悦的方式表达真诚、大方和心灵的善良，独自应付任何困苦的环境，并且受到他人的欢迎。因此幽默气质就像一座桥梁拉近人与人之间的鸿沟，是奋发向上者、希望与他人建立良好关系者不可缺少的东西，也是每一个希望减轻自己人生重担的人所必须依靠的支柱。

试着学会沟通和理解

世界上没有完全相同的两片树叶，也没有完全相同的两种意识，人和人不同的思想意识构成了纷繁美丽的世界。同时，也正是由于阵线不同，团体与团体之间、人和人之间，不可能永远保持一致，难免会意见相左，会出现误会与争执，但关键在于，你怎样去解决这些问题。

人生在世，精神的愉悦胜过一切，而和谐美好的人际关系无疑是构成心情愉快的重要因素；由于各种原因，有些人际关系是无法达到和谐的。同时，误会则使本可以达到和谐或本来是和谐的关系，只因理解和认识的不同而形成人际关系中的遗憾。所以说，误会比直接的、不良的人际关系更多一层痛苦，它是对美好关系的破坏。这种破坏并非主观的、有意识的、故意的，而只是因为互相的隔膜、意识的不可通性、感情的客观障碍所致。

争执既已形成，不论是你遭到了误解或你可能正在误解别人，唯有互相沟通才能达到理解，使误会消除。

通常，人际关系中容易产生争执的是这样一些人：交谈交往极少者、互不了解个性者、性格内向者、个性特别者、自视清高者、狂妄傲慢者、神经过敏者、常信口开河者、挑剔者等。

与上述这些人交往，不论是初次的或多次的，你都要注意你的言行是否容易产生歧义，是否可能遭到误解，或者你是否对他存有偏见和误会。

任何人都有他独立经营着的那一片小小的天地，形成他之所思、他之所言、他之所行，形成他自己的特色。有些人的这片小天地呈开放张扬的状态，可以随时接纳所有人。有的人则呈封闭压抑的状态，这是不好交际、不善交际、不易交际的人。与他交往首先得开启那扇封闭的门。待你走进去后才可能发现真正的他。否则，你只能在门外与他交往，这时，各种各样的误会都可能产生。

我们都知道，林黛玉是个特别难打交道的人，随便一句话中的一个用词不妥，可能就得罪了她。她发了脾气，你还不知道为了何事。生活中这样的女性并非罕见。

如果你已经自觉意识到遭到了误解，最简便直接的办法当然是直接与误解你的人解释交流，推心置腹，真诚相见，不要搁在心中，更不要犹豫猜忌。你可以借一次家宴、一场舞会、一次公关活动、一次约会或一个电话互诉衷肠，以你心换他心，以他心换你心，解开疙瘩，冰消雪融，重归于好。

可能你和对方没有这种直接交流的机会，或者你觉得直接解释交流的方式有些难为情，那么你可以用书信的方式，详尽地阐明自己，化干戈为玉帛。

如果对方对你误解太深，已经对你形成偏见，甚至把你视同仇敌。消除误解当然要困难许多。一是要有恰当的方式，二是要有一定的时间。你首先可以通过间接的方式，动用和对方亲近的人，让他在你们中间搭桥梁、做媒介，把对方的怨气和意见，把你的诚意、你的本心都通过这位中间人在双方间予以传达疏导。传达疏导到一定时机，你们就可以直接解释交流了。

天下没有解不开的疙瘩，没有打不破的坚冰，没有过不去的火焰山。

当你受到误解的时候，误不在你而在于对方，但你对对方之误却能够宽容大度不予计较，主动地想办法去消除对方之误。此为君子度量。

当你受到误解的时候，你对对方之误厌恶憎恨，压根儿不去设法消除它，更不愿主动去做疏通工作，以为那样做是降低了身份，丢了自己的面子，损伤了人格。此为小人之心。

圣人说："受国之垢，是谓社稷主。"——承担全国的屈辱，才算得国家的君主。如果你在小小的人际关系圈内也受不得丝毫委屈，吃不得半点亏，头低不下一毫，话多不得半句，那你就会与他人背道而驰，最后只剩自己一人。

避免争执的另一重要建议是回避顶撞或辩论。当你将要陷入顶撞式的辩论漩涡里的时候，最好的办法就是绕开漩涡，避免争论。你不可能指望仅仅以口头之争来改变对方已有的思想和成见。把细枝末节的小事当作天大的原则问题来加以辩论，是因为我们坚持成见。只要你争胜好斗，喋喋不休，坚持争论到最后一句话，就可以体验到辩论的"胜利"，可是，这种胜利不过是廉价的、空洞的虚荣心的产物，它的结果只会引发一个人的怨恨。

谁能够克服喜好争论的弱点，谁就能在社交中获得成功。

你在争论中可能有理，也可能以雄辩取胜，但要想轻易改变别人的主意，你就大错而特错了。

日常工作中容易发生争执，有时搞得不欢而散甚至使双方产生芥蒂。人是有记忆的，发生了冲突或争吵之后，无论怎样妥善地处理，总会在心理、感情上蒙上一层阴影，为日后的相处带来障碍。最好的办法，还是尽量避免它。

我们常用这么一句话来排解争吵者之间的过激情绪：有话好好说。这是很有道理的。争吵者往往犯3个错误：第一，没有明确而清楚地说明自己的想法，话语含糊，不坦白；第二，措辞激烈、专断，没有商量余地；第三，不愿意以尊重的态度聆听对方的意见。有一个调查结果显示，在承认自己容易与人争吵的人中，绝大多数说自己个性太强，也就是不善于克制自己。

同事之间有了不同的看法，最好以商量的口气提出自己的意见和建议。语言的得体是十分重要的。应该尽量避免用"你从来不怎么样……""你总是弄不好……""你根本不懂"之类的语言，这必然会引起对方的反感。即使是对错误的意见或事情提出看法，也切忌嘲笑。幽默的语言能使人在笑声中思考，而嘲笑他人则包含着恶意，这是很伤人的。真诚、坦白地说明自己的想法和要求，让人觉得你是希望合作而不是在挑人的毛病，同时，要学会听，耐心、留神听对方的意见，从中发现合理的成分并及时给予赞扬。这不仅能使对方产生积极的心理反应，也会给自己带来思考的机会。如果双方个性修养、思想水平及文化修养都比较高的话，做到这些并非难事。

如果遇到一位不合作的人，你就要冷静，不要让自己也成为一个不能合作的人。宽容忍让可能一时让你觉得委屈，但这却能表现你的修养，也能使对方在你的冷静态度面前平静下来。当时不能取得一致的意见，不妨把事情搁一搁，认真考虑之后，或许大家能共同找到解决问题的好办法。

善于理解、体谅别人在特殊情况下的心理、情绪是一种较高的修养。有的人生性敏感，有的人恰恰遇到不顺心的事没处发泄怒气，有的人也许正生病，这些都可能是造成态度、情绪反常或过激的原因。对此予以充分谅解，并及时地予以沟通，会得到相应的回报的。

宽容是关系和睦的润滑剂

屠格涅夫说："不会宽容别人的人，是不配受到别人宽容的。"

法国 19 世纪的文学大师雨果曾说过这样的一句话："世界上最宽阔的是海洋，比海洋宽阔的是天空，比天空更宽阔的是人的胸怀。"

古希腊神话中有一位大英雄叫海格里斯。一天他走在坎坷不平的山路上，发现脚边有个袋子似的东西很碍脚，海格里斯踩了那东西一脚，谁知那东西不但没有被踩破，反而膨胀起来，加倍地扩大着。海格里斯恼羞成怒，操起一条碗口粗的木棒砸它，那东西竟然长大到把路堵死了。

正在这时，山中走出一位圣人，对海格里斯说："朋友，快别动它，忘了它，离它远去吧！它叫仇恨袋，你不犯它，它便小如当初，你侵犯它，它就会膨胀起来，挡住你的路，与你敌对到底！"

我们生活在茫茫人世间，难免与别人产生误会、磨擦。如果不注意，在我们轻动仇恨之时，仇恨袋便会悄悄成长，最终堵塞通往成功之路。所以我们一定要记着在自己的仇恨袋里装满宽容，那样我们就会少一分烦恼，多一分机遇。

学会宽容，对于化解矛盾、赢得友谊乃至事业的成功都是必要的。因此，在日常生活中，无论对同事、对顾客、对子女、对配偶等等都要有一颗宽容的爱心。

宽容是一门交往的艺术。它可以润滑彼此间的关系，消除彼此间的隔阂，扫清彼此间的顾忌，增进彼此间的了解。宽容能打开两颗相对封闭的心灵，像一种明澈而柔润的调和剂，使之相融相知。"大度能容，容天下难容之事"，懂得宽容的人生是美丽的。

水至清则无鱼，人至察则无徒。用宽容来安慰别人因失误而愧痛的心，让别人心存感激，是最容易得到别人的信任和尊重的。宽容是安慰剂，如一江春水，抒写着温馨闲适与融洽，让人在柔和舒适间倍感亲切，令人在壮美和激情中意气风发。世间因为有了宽容而爱意浓浓、美丽祥和。当我们深陷苦闷，孤独难捱，山重水复之时，突然获得别人的理解与鼓舞，谁不会因之心潮澎湃，热泪盈眶，感激之情溢于言表呢？

拿破仑在长期的军旅生涯中养成了宽容他人的美德。作为全军统帅，批评士兵的事经常发生，但每次他都不是盛气凌人地直接教训人，而是很好地照顾士兵的情绪。士兵往往对他的批评欣然接受，充满了对他的热爱与感激之情，这大大增强了他的军队的战斗力和凝聚力，使其成为欧洲大陆一支劲旅。

在征服意大利的一次战斗中，士兵们都很辛苦。拿破仑夜间巡岗查哨。在巡岗过程中，他发现一名巡岗士兵倚着大树睡着了。他没有喊醒士兵，而是拿起枪替他站起了岗，大约过了半个小时，哨兵从沉睡中醒来，认出了自己的最高统帅，十分惶恐。

拿破仑却不恼怒，他和蔼地对哨兵说："朋友，这是你的枪，你们艰苦作战，又走了那么长的路，你打瞌睡是可以谅解和宽容的，但是目前，一时的疏忽就可能断送全军。我正好不困，就替你站了一会儿，下次一定小心。"

拿破仑没有破口大骂，没有大声训斥士兵，没有摆出元帅的架子，而是语重心长、和风细雨地批评士兵。有这样大度的元帅，士兵怎能不英勇作战呢？如果拿破仑不宽容士兵，那后果只能是增加士兵的反抗意识，丧失他本人在士兵中的威信，削弱军队的战斗力。

宽容是一门艺术，宽容别人，不是懦弱，更不是无奈的举措。在短暂的生命里学会宽容别人，能给生活平添许多快乐，使人生更有意义。正因为有了宽容，我们的胸怀才能比天空还宽阔，才能尽容天下难容之事。

人们交往贵在与人为善、宽以待人，尽可能地向他人提供方便，尽量给予他人帮助。可以说，宽容是一个道德水平较高的表现，所谓"有容，德乃大"。你希望别人善待自己，就要善待别人，要将心比心，多给人一些关怀、尊重和理解；对别人的缺点要善意指出，不能幸灾乐祸；对别人的危难应尽力相助，不应袖手旁观，落井下石。即使是自己人生得意，也不能得意忘形，居功自傲，而应多想想别人对自己的帮助，让三分功给别人。人总是喜欢和宽容厚道的人交朋友的，正所谓"宽则得众"。

宽容还要求我们"己欲立而立人，己欲达而达人"，自己要站得住，同时也使别人站得住，自己要事事行得通，同时也使别人事事行得通，"君子成人之美，不成人之恶，小人反是"。在一定意义上，成人之美就是成己之美，即使对有错误的人也不要嫌弃，应给人提供改过的宽松条件，原谅别人的过失，帮助别人改正错误。正所谓与人方便，己也方便。

在生活中学会宽容，你便能明白以下道理。

宽容就是洞察。世界由矛盾组成，任何人或事情都不会尽善尽美。无论是"患难之交""亲朋好友"，还是"金玉良缘""模范丈夫"，都是相对而言的。他们的矛盾、苦恼常被掩饰在成功的光环下，而掩盖的工具恰恰是宽容。不必羡慕人家，不要苛求自己，常用宽容的眼光看世界，事业、家庭和友谊才能稳固和长久。

宽容就是忍耐。对同事的批评、朋友的误解进行过多的争辩和"反击"其实不足取，唯有冷静、忍耐、谅解最重要。立下愚公移山之志，坚持以德报人，以理服人，以情感人。相信这句名言："宽容是在荆棘丛中长出来的谷粒。"能退一步，天地自然宽。

宽容就是忘却。人人都有痛苦，都有伤疤，动辄去揭，便添新创，旧痕新伤难愈合。忘记昨日的是非，忘记爱人曾经有过的一段浪漫，忘记别人先前对自己的指责和谩骂，时间是良好的止痛剂。放眼明日，来日方长，学会忘却，生活才有阳光，才有欢乐。

宽容就是潇洒。处处绿杨堪系马，家家有路到长安。宽厚待人，容纳非议，乃事业成功、家庭幸福美满之道。一切误会与芥蒂在宽容的阳光下都将灰飞烟灭、冰释雪化。事事斤斤计较、患得患失，活得也累，难得人世走一遭，潇洒最重要。

那么，容人究竟应当容些什么呢？

容人之长。人各有所长。取人之长补己之短，才能互相促进，事业才能发展。刘邦在总结自己成功经验时的那段话很发人深省："夫运筹帷幄之中，决胜千里之外，吾不如子房；镇国家，抚百姓，给饷馈，不绝粮道，吾不如萧何；连百万之众，战必胜，攻必取，吾不如韩信。三者人杰，吾能用之，所以取天下也！"善于用人之长，首先是能容人之长。嫉妒别人的长处，生怕同事和部属超过自己而想方设法压抑，是很愚蠢的。

容人之短。金无足赤，人无完人。人的短处是客观存在的，容不得别人的短处势必难以共事。"鲍管分金"的故事就很耐人寻味。春秋时期，鲍叔牙与管仲合伙做生意，鲍叔牙本钱出得多，管仲出得少，但在分配利润时管仲却总是多要。鲍叔牙并没有觉得管仲自私，而是认为管仲家里穷，多得点没关系。后来鲍叔牙还把管仲推荐给齐桓公做了大夫。如果鲍叔牙容不得管仲的缺点，管仲的才华就可能被淹没。

容人之过。"人非圣贤，孰能无过"。历史上凡是有作为的伟人，多数都能容人之过。

容人之个性。由于每个人的家庭出身、社会经历、文化程度不同，性格必有差异。因此，容人从根本上来说，就是要能够接纳各种不同性格、具有不同个性的人。如果只喜欢与自己性格相近的人，那么我们的朋友就会少之又少。

容己之仇。这是容人的极致，是一种高尚的品德。齐桓公不计管仲一箭之仇、祁黄羊"外举不避仇"等，向来为人们所津津乐道。

在怨恨的土壤上开满鲜花

魏国边境靠近楚国的地方有一个小县，一个叫宋就的大夫被派往这个小县去做县令。

两国交界的地方住着两国的村民，村民们都喜欢种瓜。这一年春天，两国的边民又都种下了瓜种。

不巧这年春天天气比较干旱，由于缺水，瓜苗长得很慢。魏国的一些村民担心这样旱下去会影响收成，就组织一些人，每天晚上到地里挑水浇瓜。

连续浇了几天，魏国村民的瓜地里，瓜苗长势明显好起来，比楚国村民种的瓜苗要高不少。

楚国的村民一看到魏国村民种的瓜长得又快又好，非常嫉妒，有些人晚间便偷偷潜到魏国村民的瓜地里去踩瓜秧。

魏国村民发现了这种行为，十分气愤，便要去找楚国村民"算账"。

宋县令忙请村民们消消气，让他们都坐下，然后对他们说："我看，你们最好不要去踩他们的瓜地。"

村民们气愤已极，哪里听得进去，纷纷嚷道："难道我们怕他们不成，为什么让他们如此欺负我们？"

宋就摇摇头，耐心地说："如果你们一定要去报复，最多解解心头之恨，可是，以后呢？他们也不会善罢甘休，如此下去，双方互相破坏，谁都不会得到一个瓜。"

村民们皱紧眉头问："那我们该怎么办呢？"

宋就说："你们每天晚上去帮他们浇地，结果怎样，你们自己就会看到。"

村民们只好按宋县令的意思去做，楚国的村民发现魏国村民不但不记恨，反倒天天帮他们浇瓜，惭愧得无地自容。

这件事后来被楚国边境的县令知道了，便将此事上报楚王。楚王原本对魏国虎视眈眈，听了此事，深受触动，感慨万分，于是，主动与魏国和好，并送去很多礼物，对魏国有如此好的官员和国民表示赞赏。

魏王见宋就为两国的友好往来立了功，也下令重重地赏赐宋就和当地百姓。

还有另外一则故事：

杰克和汤姆曾经是好朋友，有一次他们合伙做卖米的生意。

在他们居住的那条街上分布着许多米店，大多数店主把米放在外面，晚上找人看守。他们也和那些店主一样把米堆在商店外面。

可是有一天早上他们起来后发现米少了许多。杰克记得晚上汤姆起了好几次，他怀疑汤姆把米转移到其他地方，想独吞，因此心中大为不悦。而汤姆说自己没有看见那些米，杰克不相信，两人吵了起来。汤姆忍无可忍，动手打了杰克，杰克也毫不示弱地狠狠还击，打得汤姆鼻青脸肿。

第三天杰克要到附近的一个小镇去做生意，一大早推开家门发现门口放着一个陶罐，罐里装着几根骨头。按照当地风俗这是不吉利的，很晦气。杰克想肯定是汤姆故意放在他家门口诅咒他生意落败的，他非常生气地将陶罐扔到花园里，就出门了。结果那天他的生意很不好，不但没有赚到钱，反而亏了不少本。回到家中他给院子里的花松土施肥时，无意中看到那个陶罐，想把它砸碎出气，但又觉得很可惜，就顺便移了几株快死的花进去。

过了几天他从外边做生意回来，赚了不少钱。他在高兴地伺弄花草时惊喜地发现，陶罐里开满了鲜花。这让他很高兴，没想到用来出气的陶罐竟给他带来了意想不到的欢乐。看着这些鲜花，他开始为自己狭隘的心胸感到脸红，觉得自己当初不应该迁怒于汤姆，应该心平气和地向他解释。他决定主动向汤姆道歉。

在去汤姆家的路上杰克遇到他的邻居，邻居问他说，前一段时间自家的小孩夜里在外面玩，把一个准备泡药的陶罐和一副兽骨药给弄丢了，不知杰克看见了没有。杰克回家找到陶罐和扔在院子里的兽骨还给了邻居。奇怪的是，当他把东西还给邻居时，邻居反而给了他几袋米。

原来就在杰克和汤姆把米放在外面的那天夜里，有人要买杰克邻居家的米，黑暗中邻居错把杰克和汤姆的米卖了，等第二天发现时，买主已不知去向。邻居找杰克时杰克已到外地去了，后来邻居就把这件事给忘了。杰克觉得自己错怪了汤姆，他带上从陶罐里采摘的鲜花到汤姆家真诚地道歉。

后来他们重新成为了朋友，感情比以前更好了。

人与人之间避免不了因互相误解而使友谊和感情受伤破裂，因而导致仇恨。最好的方式是以宽容的心态将这种仇恨栽培成一盆鲜花，让自己心里开花才能让周围遍地开花。时间带走一切也考验一切，值得珍惜的是无限春光和快乐的果实，真正的友谊并不因误解、仇恨而逊色，反而因海纳百川的胸怀和气度增色不少。

让仇恨长成鲜花是一种大彻大悟的境界，也是快乐的源泉。

相信彼此，才能成功

一个篱笆三个桩，一条好汉三个帮。我们生活在群居的社会里，一个人是不可能完成他的一生的。无论什么事，只有团结起来，才是明智之举。不但中国近代历史给了我们这种启示，就是千百年来民间最淳朴的教育方式也无不体现着这种道理：一双筷子容易被折断，10双筷子就会牢牢抱成一团。只有团结合作，才能达到双赢的结果。

我们处在一个合作的时代里，合作已成为人类生存的手段。

因为科学知识向纵深方向发展，社会分工越来越精细，人们不可能再成为百科全书式的人物，每个人都要借助他人的智慧完成自己人生的超越，于是这个世界充满了竞争与挑战，也充满了合作与快乐。不善于合作就会给自己的工作和生活带来许多麻烦。

随着社会的发展，人们越来越需要团结，在共同的大目标下努力把事情做好。虽然我们生活在一个竞争取胜的社会，但社会需要的不是你死我活的争斗，不是相互残杀，而是共同发展。只有这样，我们的社会才能进步，我们的国家才能有希望，我们每一个人才能得到更好的发展。

合作已经成为我们这个时代最靓丽的一道风景线。合作可以集思广益，弥补个人能力的不足，合作可以创造高的效率，合作能让人感到人与人之间的温暖，合作是成功的基石。合作精神是每个人适应社会、立足社会、谋求自身发展不可或缺的重要素质。与人合作的能力，已成为当今世界人才的重要素质之一。

查尔斯·赫梅尔尔说："我们的星球，犹如一条漂泊于惊涛骇浪中的航船，团结对于全人类的生存是至关重要的。"我们都是单翼天使，只有相互关爱，才能展翅飞翔。

一位清华人曾说过这样一段话：假如你拥有众多的朋友，与朋友之间有着良好的人际关系，那么，你便可以通过这些朋友的力量来协助你解决难题。人，是不可能拒绝朋友而独自过着杜门谢客的生活的。假如是这样，生活实在无乐趣可言，而且很多需要他人帮助的困难就无法解决。

毕竟，这是一个合作的社会，个人的学识与力量是有限的，必须依靠他人的学识及力量方能完成任务。在这世上，有不少人并非很有才华，但他们却有无形的资产——良好的人际关系，就因为这无形的资产，他们在各方面各领域都能平步青云。

　　生活在群体中，就必定要与他人分工合作，分享成果，互惠互助。因此，学会协作，就是迈好人生的每一步。

　　有这样一个小故事，讲的是一名外国的教育家邀请清华的几个学生做一个有趣的实验：一个小口瓶里，放着7个穿线的彩球，线的一端露出瓶子。这只瓶子代表一栋房子，彩球代表屋里的人。房子突然着火了，只有在规定时间内逃出来的人才可能生存。他请7名学生各拉一根线，听到哨声便以最快的速度将球从瓶中取出。实验即将开始，所有的目光都集中在瓶口上，哨声响了，7个学生一个接一个，依次从瓶子里取出了自己的彩球，总共才用了3秒钟！在场的观众情不自禁地鼓起掌来。这位外国专家大声说："我的实验终于成功了，中国学生真了不起！我在许多地方做过这个实验，从未成功，至多逃出一两个人，多数情况是几个彩球同时卡在了瓶口。我从你们身上看到了一种可贵的协作精神。"

　　只有相互协作，一个人才能汲取更多的营养让自己变得强大，一桩事业也才能聚集起更大的力量以获得成功。不会合作的人将一事无成！指挥家轻舞手中的指挥棒，悠扬的音乐便从乐器师的嘴唇边、指缝里倾泻出来，流进人们的心田。是什么力量使上百位乐师、数十种不同的乐器演奏得这样完美和谐？那就是合作。

　　合作就是互相配合，共同把事情做好。世界上有许多事情，只有通过合作才能完成。一个人学会了与别人合作，也就获得了打开成功之门的钥匙。

　　每年的秋季，大雁由北向南以V字形长途迁徙。大雁在飞行时，V字形的队形基本不变，但头雁却是经常替换的。头雁对雁群的飞行起着很大的作用。因为头雁在前方开路，它的身体和展开的羽翼在冲破阻力时，能使它左右两边形成真空。其他的大雁在它左右两边的真空区域飞行，就等于乘坐一列已经开动的列车，自己无需再费太大的力气。这样，成群的雁以 V 字形飞行，就比一只雁单独飞行要省力，也就能飞得更远。

人只要相互合作，也会产生类似的效果。只要你以一种开放的心态做好准备，只要你能包容他人，你就有可能在与他人的协作中实现凭自己的力量无法实现的理想。合作是件快乐的事情，有些事情人们只有互相合作才能做成，不合作就不能完成。每个人的能力都是有限的，善于与人合作的人，能够弥补自己能力的不足，达到自己原本达不到的目的。

合作是一盏灯，照亮别人也照亮自己，怀合作思想上路的人，一生也将生活在成功里。合作是一种非常实用的人生理念，像花开，美丽给别人，自己也结果实。只要你熟谙与人合作的诀窍，很快就会成为成功之林中的雄伟巨木。

合作是每个社会人的必修课。每一个人自踏入社会之日起，合作就无时不在、无处不在。作为人类生存与发展赖以继续的一种行为模式，合作在人类社会的发展历程中扮演着重要角色。是合作使我们彼此了解，是合作使我们互通有无，是合作使我们达成双赢。

勇于合作，去和每一个人合作，是人人都能很容易做到的事，合作时我们并不会损失什么，相反，可能一份不起眼的合作会带给我们双赢的结果。

第七章
放弃之后，心静释然

　　放弃是一种解脱，是释放自己于偏狭思想之牢笼，它可以使你寻回迷失的思想，恢复正常的心态。放弃不是盲目的舍弃，也不同于懦弱者的退却，它是为了某种目的而进行的有原则、有价值的主动性的反向选择。所谓鱼与熊掌不能兼得，正反不能同就，命运摆在你面前的是一道选择题，懂得放弃才能获得释然。

得失心太重了不好

有这样两个故事。

第一个故事是法国有一家报纸曾经刊登过一个智力问答：如果卢浮宫发生火灾，此时，你只能拿出去一幅名画，你会选择哪一幅？很多人回答说当然要达·芬奇的《蒙娜丽莎》，可是这幅"永恒的微笑"在最里面的展馆。最后一位社会学家做出了最正确的答案：拿离出口最近的一幅。理由很简单，因为这样最容易实现。

第二个故事是有一架飞机坐着3个人，其中一个是物理学家，一个是总统，还有一个是哲学家。突然之间，飞机发生了故障，必须让其中的一个人跳伞以减轻飞机的负重，请问在这个时候你会选择哪一个？结果是众说纷纭。答案是选择体重最重的一个。理由也很简单，这样可以保证飞机最小负重，保证安全。

一个人的得失心不要太重了，太重了会影响自己的成长。

30年前，有一个年轻人想要离开故乡，去创造自己的未来。根据乡里的规矩，他动身的第一站应该去拜访本族的族长，以便求得指点。当这个年轻人去见族长时，族长正在练字。族长听说他想离开故乡去外地闯荡闯荡，想了想，就立即挥毫写了3个字：不要怕。然后望着年轻人说："其实人这一生的秘诀没有什么，只有6个字，今天我可以先告诉你3个，我想这3个字已经够你受用半生了。"

30年过去了，当初离家的那个年轻人已经到了中年，取得了一些成就，但是也有了许多伤心事。此时他特意回到了家乡，去见那个族长。很快他来到了族长家，不过不幸的是，族长在几年前就已经去世了。然而族长的家人却取出一封信给这个人，对他说这是族长留给他的东西。这个时候，还乡的游子才想起来 30 年前他还有一半的人生秘诀没有听到，打开信一看，里面赫然又是 3 个大字：不要悔。

不要怕，不要悔，这是对人生比较深刻的体会。人生没有失败，所以不要去害怕什么。别人能做到的，自己同样能够做到；别人做不到的，自己为什么不能做到。有了这种感悟，就不要再担心以后会发生什么。

所以不要后悔，不论曾经是否伤害了别人，或者是否做错了事情，都要告诫自己不要后悔。伤害过别人，想一个办法给别人以补偿；做错了事情，以后不要再犯同样的错误，这样才能进步，在将来的日子里才能够获得非比寻常的成就。

后悔是一种耗费精神的情绪，后悔是比损失更大的损失，比错误更大的错误。

舍得舍得，大舍大得

舍得舍得，大舍大得，懂得放弃的人才会真正拥有自己想要的一切。

历史上，永州人都特别善于游泳。有一天，河水突然暴涨，有几个永州人正乘坐一条小船。结果刚到江中心，船就漏水了。船上的人就只好跳到水里往岸上游。其中最会游泳的一个人也使出了全身的力气，但还是没有平常游得快。他的同伴很疑惑，于是问他为什么今天这么吃力？那个人回答说："我腰里缠着太多的钱，现在重得不行，所以今天特别吃力。"于是同伴劝他快把钱扔掉，但是这个人说什么也不肯。

过了一会儿，这个人更加没有力气了。那些已经到了岸上的同伴又大声劝他扔掉钱，他摇了摇头，最后沉入水中淹死了。

人要舍掉生活的惰性，一旦形成惰性，就做什么事都很难有激情了。即使下定决心做一件事情，往往一遇到困难就想退回到原来的生活状态之中。这就是如果想毁掉一个人只需要让他安逸起来的原因。

人还应该舍掉目标以外的东西。因为人的时间和精力都很有限，只有把有限的时间和精力放在事业上，才能够确保取得最大的成功。每一个人定然有很多目标，但最后必须确定一个目标，然后努力将这个目标实现。许多人常常会有一些不切合实际的想法，总想着为了逃避风险，便多确定几个目标，这样即使一个目标无法实现，另外一个目标也有可能实现。殊不知这种想法是最致命的，多个目标自然分散精力，一个目标无法实现，很容易像多米诺骨牌一样导致所有目标都无法实现。人在面临多个目标时往往不会全力以赴，而是认为这个不行，下个可以补充，以这样的心态，又怎么能实现目标呢？

最后，人应该舍掉的是以成功者自居的心态。也就是说人要有一种归零心态。不管以前怎样成功，既然选择了从事新的事业，那么以前的成功都要一概抹掉，一切从零开始，一切从头再来。很久以前成功的经验并不符合今天的实际，但人们往往容易抱残守缺，容易相信自己曾经亲身经历过的一切，于是不相信理性的判断，不相信别人的劝说，一意孤行，坚持按照原来的办法来做，其结果可想而知。

《吕氏春秋》记载了这样一个故事：有个人路过江边，看见一个汉子正牵着一个婴儿，想要把他投进江里去，婴儿吓得哇哇大哭。这人走上前去问那汉子："你怎么把婴儿往江里投呢？"那汉子说："怕什么？他的爸爸很会游泳。"他的爸爸会游泳，他的儿子难道生来也会游泳吗？很多创业者有其父善游的心态，认为自己曾经成功过，现在成功也是不难的事情。殊不知这是自欺欺人。

得失心太重的人往往放不开手脚，不能做到忘我。一个演员在演戏的时候应该很投入，而绝对不应分心。那些不投入的演员，往往有太多的顾虑，因而没有办法演好戏。人在得失心重的时候不妨问一下自己，得到了又怎么样？失去了又怎么样？如果回答了这两个问题，心态自然会平和起来。

为了达到目标，就必须扔掉很多累赘。这些累赘很多时候都会影响目标的实现，因此必须扔掉。舍不得自然得不到。

既然爱自己，就让自己自由

有一些人，因为过去受人欺骗，所以到今天仍旧害怕和人交往，更没有能够宽恕以前欺骗过他们的人。还有一些人，只为了年少时曾经受到同学的排斥和奚落，后来就一直为这种事伤心。更有不幸已经离婚的人，对生命永远感到残缺。也有因为第一次恋爱失败，所以再不肯重入情关。

还有一些人，曾经偷了一些东西，后来虽然没有重犯，却也一直在惩罚自己。

他们不知道，抓住以往所发生的事情不放，只会令他们更痛苦。过去的已经过去，谁也不能再改变它。如果我们执著于"过去"，不肯释怀，那么我们的思想便离开了"当下"，不再能集中精神，改变生命。

佛说："苦海无边，回头是岸。"这"回头"指的就是不要执著、要改变。相反地，若是不改变，就只有永远沉沦在苦海之中。

是的，我们很可能自己失足坠海，也很可能被人推跌坠海。坠海本来不是我们的错，但是，我们如果不设法从海中回到岸上，有人想救我们也不听，那就是我们的不是了。

人人生命中都有怨恨，但是，怨恨要一个一个地化解，让它消失于无形；千万不能一个一个地堆积起来，而埋葬自己于"怨恨堆"中，愤懑一世。我们要清理我们的思想渣滓，使它不再停留在我们心中，使我们不快乐。想明白些吧！它其实只是垃圾，已经不能再发挥力量来伤害我们，我们应该一脚把它踢走，踢得远远的，永远忘记它才对。

先哲说过："一切的回忆都有毒，不论这回忆是痛苦还是甜蜜。"人可以"记忆"，却不必"回忆"。如果我们能放开对过去的回忆，我们就生活在"当下"，就可以享受生命，开创美好的将来。

莉莎和男朋友分手了，处在情绪低落中，从他告诉她应该停止见面的那一刻起，莉莎就觉得自己被毁了。她吃不下睡不着，工作时注意力集中不起来，人一下消瘦了许多，有些人甚至认不出她来。一个月过后，莉莎还是不能接受和男朋友的关系已经结束这一事实。

一天她坐在教堂前院子的椅子上，漫无边际地胡思乱想着。不知什么时候，身边来了一位先生。他从衣袋里拿出一个小纸口袋开始喂鸽子。成群的鸽子围着他，啄食着他撒出来的面包屑，很快飞来了上百只鸽子。他转身向莉莎打招呼，并问她喜不喜欢鸽子。莉莎耸耸肩说："不是特别喜欢。"他微笑着告诉莉莎："当我还是个小男孩的时候，我们村里有一个饲养鸽子的男人。

那个男人为自己拥有鸽子感到骄傲。但我实在不懂，如果他真爱鸽子，为什么把它们关进笼子，使它们不能展翅飞翔，所以我问了他。他说：'如果不把鸽子关进笼子，它们可能会飞走，离开我。'但是我还是想不通，你怎么可能一边爱鸽子，一边却把它们关在笼子里，阻止它们要飞的愿望呢？"

莉莎有一种强烈的感觉，老先生在试图通过讲故事，给她讲一个道理。虽然他并不知道莉莎当时的状态，但他讲的故事和莉莎的情况太接近了。莉莎曾经强迫男朋友回到自己身边。她总认为只要他回到自己身边，就一切都会好起来的。但那也许不是爱，只是害怕寂寞罢了。

老先生转过身去继续喂鸽子。莉莎默默地想了一会儿，然后伤心地对他说："有时候要放弃自己心爱的人是很难的。"他点了点头，但是，他说："如果你不能给你所爱的人自由，你并不是真正地爱他。"

这是一个发人深省的道理——爱是不能勉强的。我们应该给予自己所爱的人自由，不然我们并不比那个饲养鸽子的人好多少。如果我们爱一个人，就应该给他自由。让他自由地决定任何事情，自由地按照他自己的意愿去生活，而不是把自己的愿望强加给他。放走自己所爱的人通常不那么容易，但实际上你也没有其他路好走。即便你一时勉强地把他留下，最终自食恶果的还是你。你将得到更深的痛苦、更多的悲伤。

人类天性需要一个空间。在坏情绪中人们也需要自由，不然很快他们会感到被禁锢起来了。当我们纠缠于自己的内心时，我们会感到难以呼吸。通常我们这样做是出于想不开、缺乏自信或是害怕孤单，而不是解放自己。

如果你爱自己，应该给自己自由。

诱惑会让快乐离你远去

据说，东南亚一带有一种捕捉猴子的方法非常有趣。当地人将一些美味的水果放在箱子里面，再在箱子上开一个小洞，大小刚好让猴子的爪子伸进去。猴子经不住箱子中水果的诱惑，抓住水果，爪子就抽不出来，除非它把爪中的水果丢下。但大多数猴子恰恰不愿丢掉到爪的东西，以致当猎人来到的时候，不需费什么气力，就可以很轻易地捉住它们。

其实，人又比猴子高明多少呢？现实生活中许多人无法抗拒诸如金钱、权利、地位的诱惑，沉迷其中而不能自拔。

落入权势诱惑之陷阱者，终日处心积虑，热衷于争权斗势，一朝不慎就会成为权力倾轧的牺牲品，永世不得翻身。结党营私，各树党羽，明争暗斗，机关算尽，到头来，"反误了卿卿性命"。过于沉迷权势的人，为了保住自己的"乌纱帽"，处处阿谀奉承，事事言听计从，失去了做人的尊严，更不用说有什么做人的快乐了。

经不住美色诱惑者，流连忘返于脂粉堆中，醉生梦死于石榴裙下。古往今来，不知有多少王侯将相断送在声色之中。君不见，李隆基因为一个杨玉环，终日不理朝政，最终导致权奸作乱，好端端一个开元盛世顷刻间土崩瓦解。吴三桂为了一个陈圆圆，冲冠一怒为红颜，引清兵入关，留下千古罪名。

诱惑是个美丽的陷阱，落入其中者必将害人害己，无法自救；诱惑又是枚糖衣炮弹，无分辨能力者必定被击中；诱惑还是一种致命的病毒，会侵蚀每一个缺乏免疫力的大脑。

占有少一点，坎坷就会少一点

从前，一个想发财的人得到了一张藏宝图，上面标明了在密林深处的一连串宝藏。他立即准备好了一切旅行用具，特别是他还找出了四五个大袋子准备用来装宝物。一切就绪后，他进入了那片密林。他斩断了挡路的荆棘，蹚过了小溪，冒险冲过了沼泽地，终于找到了第一个宝藏，满屋的金币熠熠夺目。他急忙掏出袋子，把所有的金币装进了口袋。离开这一宝藏时，他看到了门上的一行字："知足常乐，适可而止。"

他笑了笑，心想，有谁会丢下这闪光的金币呢？于是，他没留下一枚金币，扛着大袋子来到了第二个宝藏，出现在眼前的是成堆的金条。他见状，兴奋得不得了，依旧把所有的金条放进了袋子，当他拿起最后一条时，上面刻着："放弃了下一个屋子中的宝物，你会得到更宝贵的东西。"

他看了这一行字后，更迫不及待地走进了第三个宝藏，里面有一块磐石般大小的钻石。他发红的眼睛中泛着亮光，贪婪的双手抬起了这块钻石，放入了袋子中。然后，他发现这块钻石下面有一扇小门，心想，下面一定有更多的东西。于是，他毫不迟疑地打开门，跳了下去，谁知，等着他的不是金银财宝，而是一片流沙。他在流沙中不停地挣扎着，可是越挣扎他陷得越深，最终与金币、金条和钻石一起长埋在了流沙下。

如果这个人能在看了警示后离开的话，能在跳下去之前多想一想，那么他就会平安地返回，成为一个真正的富翁了。放弃，从某种意义上来讲，是给了自己一个生存的空间，给了自己一条走向成功的道路……

谁说喜欢一样东西就一定要得到它。有时候，有些人为了得到他喜欢的东西，殚精竭虑，费尽心机，更有甚者可能会不择手段，以至走向极端。也许他得到了他喜欢的东西，但是在他追逐的过程中，失去的东西也无法计算，他付出的代价是其得到的东西所无法弥补的。其实喜欢一样东西，不一定要得到它。因为有时候为了强求一样东西而令自己疲惫不堪，是很不划算的。有些东西是"只可远观而不可近瞧"的，一旦你得到了它，你可能会发现其实它并不如原本想象中的那么好。如果你再发现你失去的和放弃的东西更珍贵的时候，我想你一定会懊恼不已。常听到这样的一句话："得不到的东西永远是最好的。"所以当你喜欢一样东西时，得到它并不是你最明智的选择。

不想占有就不会太坎坷，所以，无论是喜欢一样东西也好，喜欢一个位置也罢，与其让自己负累，不如轻松地面对，即使有一天放弃或者离开，你至少学会了平静。

生活就是一个五味瓶

记得有人说过这样的话："没有遗憾的人生才最遗憾。"确实，假如没有"惆怅阶前红牡丹，晚来唯有两枝残"的遗憾，怎么会有古人夜里秉烛赏花的美。所以，很多时候，我们总是埋怨美梦不能成真。却不知，倘若什么梦想都能轻易地实现，也就无所谓美梦了。这是一种遗憾的美，一种让人想起仍觉甘甜，忆起犹觉美妙的美。

"尺之木必有节，寸之玉必有瑕。"那个故事很耐人寻味——

有个渔夫从海里捞到一只蚌，从蚌中得到一颗晶莹圆润的大珍珠。为了去掉珍珠上的小黑点，他层层将黑点剥去，最后黑点没有了，珍珠也不复存在了。看完这个故事，也许你正同我一样在为那颗珍珠的不复存在而感到惋惜；同我一样想要告诉那个渔夫：缺憾也是美！

"人有悲欢离合，月有阴晴圆缺，此事古难全。"自古就有人明白这个道理。你可知道我们应该感谢缺憾？有了悲欢离合，人们才会懂得珍惜现在所拥有的；有了阴晴圆缺，月儿才能更加妩媚动人。娇艳的花儿必要有丑陋的根；美丽的蝴蝶定是由讨厌的毛毛虫变化而来。十全十美的东西是不存在的，而缺憾也是美！

往往，存在缺憾的东西并不比看似完美的东西差。瞧——美，可以在金碧辉煌的宫殿中，也可以在炸毁的大桥旁；美，可以在芳香扑鼻的鲜花上，也可以在默然无声的落叶中；美，可以在超凡脱俗的维纳斯的雕像上，也可以在平凡少女的笑脸上。

电视剧《精卫填海》的大结局中，炎帝的女儿精卫化成了青鸟，她已忘记了前尘往事，对后羿深情的呼唤置若罔闻，但是没有忘记自己的职责，不停地衔着石子投向大海。虽然只是电视剧，但是这种凄美的场景还是让我潸然泪下。

小说里的那些英雄们更是大多如此，《天龙八部》中的大英雄乔峰，他身怀一身的好武艺，有那么多的人支持他，他也是当之无愧的英雄，然而他的女友却被他误杀，到了最后他还和自己本国决裂，当场自杀谢罪；《神雕侠侣》中的杨过相貌和功夫自不必说，可他偏偏少了一只臂膀，虽然他和小龙女最后有一个完美的结局，可是他失去的却永远也找不回来了；还有《射雕英雄传》中的黄老邪，虽然宝贝女儿黄蓉聪明得要死，可他的妻子不还是因为帮他死记那本破《九阴真经》而死于劳累吗？

难道天底下的美都要有缺憾吗？为什么西施拥有了美貌就要注定成为越王复国的牺牲品呢？而越王复国后给了西施一个祸国的罪名，要她死在了淮水边。她的痛苦又有谁知道，难道她不想过好日子吗？可是就因为她太美了，那就是罪。为什么唐玄宗娶了杨玉环之后就有人背叛他，到了最后杨贵妃还自杀了。难道美就有罪，难道天底下就没有一种美是不带伤感气氛的？可能就是因为缺憾本身就是一种美，这也正是我要说的缺憾之美，是它让世界上所有的事情变得更加有味道，让世界如此美妙！

其实人生在世，不如意事十有八九，不可能事事都完美。能修成正果自然皆大欢喜，如果不能，当然会有遗憾。但用心体会，你会发现残缺有其独特的美——缺憾之美。

断壁残垣固然没有富丽堂皇的故宫那么让人目不暇接，没有设计精美的苏州园林那样让人流连忘返，但是因其独有韵味，也不失为一种美。

万事万物，难有十全十美。相爱的人不能长相厮守，当然是一大憾事，但正因为有了这距离，才能把彼此永放心间，永远在对方心中留下最美丽的记忆。

当然，在品味这种缺憾之美时，苦甜参半，这是一种凄凉的美。只有品尝过的人，才知道其中的滋味，喜忧参半，刻骨铭心，永世不忘！

先舍弃方才有"大得"

"舍得"两个字组合在一起，体现了中国人的智慧。大舍大得，小舍小得，不舍得，舍不得，最终得不到。人生就是这样，有舍有得，有得有舍。

舍得，舍得，需先"舍"而后才会有所"得"，确是至理名言。

他追求她已有 5 年之久，但她一直都没有接受他的追求，还对他很冷漠。冷漠的她并没有改变他那执著的心。

他在别人面前总是那样的好胜，但在她面前却是那样的低声下气、委曲求全。他的朋友总是对他说："你与她是不可能的，因为她根本就不喜欢你，你再这样下去也没有用，只会自找苦吃。"他心想自己难道就不知道是不可能的吗？但是他放不下，他为她付出了 5 年的光阴，他觉得这样做不值，就这样对她一直纠缠不清。

他觉得很累，就到农村走走好散散心。他在农田中看到一位老人家，老人家正在锄一片瓜苗，他想不明白那个老人家为什么要锄掉那么好的一片瓜苗，就上前去问那位老人家。老人家回答说："瓜苗再好也没有用呀，我也知道它们还在打瓜仔呀，但是现在已经过了这个季节了，锄掉它们好种新的菜苗上去呀！如果舍不得这些的话，过了这个季节那就什么都迟了。"

有时候看到眼前这些东西而不懂舍去的话，那失去的会更多呀！舍去眼前的，反而会得到更多的机会，他这时才明白这一切。为什么连一个农村的老人家都知道这得与舍的利害关系，而自己却不知道呢！

于是，他回到他工作的城市，手机也换了号码，一切都重新来过。他放弃了她，回头看到自己走过的一路才发现原来自己已经失去了很多很多。接着他开始投入到全新的生活，工作有了起色，也遇到了爱他的姑娘，并结婚生子，过上了幸福的生活。

如果他还死死抓住原来那个姑娘不放的话，我想大多数人也能猜到结果，即使勉强修成正果，他的生活也不会幸福，因为姑娘不爱他。

是呀，我们的每一步跳跃或者改变，可能并不是人们心目中最完美的，都存在一定的风险，但我们不能太在乎那些世俗的衡量标准，而更要看重自己内心到底想要什么。

记得以前曾听说过一个故事，一个中国留学生初到美国时，只能靠在街头卖艺生存，那时有一个最赚钱的地盘——一家银行的门口，和他一起拉琴的还有一个黑人琴手，他们配合得很好。后来这个留学生用卖艺的钱进入大学进修。10年后，留学生成了国际上知名的音乐家。一次，他发现那位黑人琴手还在那家银行门前拉琴，就过去问候，那位黑人琴手开口便说："嘿，伙计，你现在在哪个地盘拉琴？"

是啊，人，必须懂得及时抽身，离开那些看似最有利可图却不能再进步的地方；人，必须鼓起勇气，善于取舍，才能开创出生命的另一个高峰。

生活中也确实有太多我们舍不得的东西。爱情、家庭、幸福、财富，哪一样想舍掉呢？往往我们最想舍掉什么——贫困、疾病、痛苦等等；最想得到什么——金钱、爱情、快乐等等。但命运弄人，有时候我们想得到的得不到，不想要的却偏偏来，人生无常呀！

舍和得，祸与福，都有转换的方法和途径。舍弃恶习、名利、贪念，舍弃生活中我们苦苦追求的本不该属于自己的那些东西，就能够得到更多的快乐、自由和安宁。可是并不容易做到，这需要我们的悟性、智慧和苦修。

"舍得"两个字组合在一起，体现了中国人的智慧。鱼与熊掌不可兼得，选择鱼还是熊掌，就看你自己的智慧了。

第八章

抛却烦恼，在家庭的港湾停泊

家是每一个人心灵的避风港，现实的社会总是充满了各种无奈，这个时候，不妨让自己暂时抛却那些烦恼，把自己融入到家庭这个温馨的氛围中来。这个时候，你会变得简单纯粹，看着父母的笑脸，感受着爱人的体贴，体会着孩子的纯真，你还会那么烦恼吗？

家是心灵永恒的歌谣

三毛说："家就是一个人在点着一盏灯等你。"

当你受伤的时候，当你孤立无援的时候，当你一无所有的时候，别忘了回家，家会轻轻抚平你的创伤，家会用真情温暖你孤独的心。漂泊良久，你会发现，唯有家才是你最忠实的港湾，唯有家才是你可以停靠的码头。

有个故事讲得很好，有个年轻人离别了母亲，来到深山，想要拜活菩萨以修得正果，路上他向一个老和尚问路，寒暄之际，年轻人说明动机，并问老和尚哪里有得道的菩萨。

老和尚打量了一下年轻人，缓缓地说："与其去找菩萨，还不如去找佛。"

年轻人顿时来了兴趣，忙问："那么请问哪里有佛呢？"

老和尚说："你现在回家去，在路上有个人会披着衣服，反穿着鞋子来接你，记住，那个人就是佛。"

年轻人拜谢了老和尚，开始启程回家，路上不停地留意着老和尚说的那个人，可是都快到家了也没见到。年轻人又气又悔，以为是老和尚欺骗了他。他回到家时已经是很深很深的夜里，他灰心丧气地抬手拍门。他的母亲知道自己的儿子回来了，急忙抓起衣服披在身上，连灯也来不及点着就去开门，慌乱中连鞋子都穿反了。年轻人看到母亲衣衫凌乱的样子，不禁热泪盈眶，也立即领悟了老和尚的话。

屋檐虽低，门槛依旧，不管你是衣锦还乡，还是失魂落魄、蓬头垢面而归，家的门永远为你敞开着。岁岁年年，年年岁岁，无论春夏还是秋冬，家永远执著地为你抵挡外来的风风雨雨，为你撑起一柄爱的巨伞。

我们从出生到老去，谁能离得开家的怀抱？谁能挣脱家那永远不变的炽热情怀？小时候，家是母亲，长大了，家是父亲，我们就是被父母从鸟笼中放飞却又被紧紧牵挂的雏鹰，脆弱又坚强，翅膀虽稚嫩但充满着崇高的理想。结婚后，家是妻子那温情脉脉的眼神，家是孩子那甜甜的醉人的笑。再往后，家是子孙绕膝的天伦之乐，是风雨同舟几十载的老伴的唠叨。

家是心灵永恒的歌谣，无论我们是在茫茫黑暗中，还是在冰天雪地里，充满祝福与爱的歌声永远会萦绕在我们的耳畔，给我们带来希望，带来真实的温暖！

顺其自然是爱情的本质

爱情问题错综复杂，但世间"真爱"并不多见，至情至性的人更是少有。一般的人总是把爱情加上种种功利的条件，又有许多人把爱情看作了唾手可得的东西，更有人把一时的幻觉当作了爱情。

大多数人认为这很正常，其实这都是假象，绝非真正的爱情。

当两人之间有真爱的时候，是不会考虑到年龄、经济条件、相貌、个子等等外在的无关紧要的因素的。假如你们之间存在着这种问题，那你还是先问问自己是否真正在爱才好。

如果你明明已看出了对方有不值得你爱的地方，却还偏偏要执迷不悟的话，那就是自讨苦吃。为爱情牺牲自己，说起来很美丽，但假如对方并不值得你为他这样牺牲，或你的牺牲换不来你们之间的幸福，那你就要当心，不要让自己做傻瓜才好。

请你找一个值得你爱的人去爱。让那些爱慕虚荣的，见异思迁的，虚有其表的，不了解你的思想、情感和人格的人，去找他志同道合的伴侣去吧！你总有一天会暗自庆幸你没有得到他呢！

失恋的痛苦多半伴随着自尊心受到损害的痛苦一同到来。而这时维护你自尊心的唯一办法，就是不要再继续向他表白你的爱情。

要想使你所爱的人觉得你尊贵，千万不要用哀求作为追求的手段。哀求会使一个好好的人看起来卑微和笨拙，从而影响你原有的风度和气概。

如果一个人不能在适当的时候，在"礼"字面前让步，那他当初的"情"也就值得怀疑了。

当你知道你的爱对对方不仅无益，反而有害的时候，当这种爱使自己和对方陷入众叛亲离的时候，当自己和对方的爱危害到无辜的第三者或更多的人的时候，就是你的爱情应该止步的时候了！

人与人之间靠一个"爱"字，会显得何等融洽亲密，会鼓励多少颗积极进取、乐观无畏的心！我们一定要好好地运用它，不要污蔑和亵渎它！

当你不能得到你所爱的对象时，你不要悲伤。应该好好地祝福他，好好珍惜自己的现在。这样虽然你们没有在一起，但彼此仍会以对方为荣，仍会永远记得对方的。恋爱只有在可以认真的时候才认真，如果你对你恋爱的前途没有十分的把握，那还是抱一种欣赏的态度比较妥当。

在爱情上，只有骗取对方的爱情才是罪过，而不接受对方的爱情却是诚实。

最重要的是，情场上的失败并不是人生的失败。不论原因在你还是在对方，这种失败都仅仅只有一个很简单的意义——

你找错了对象。用不着消沉灰心，否定自己。

世间表面上有缺陷的事情往往会有一种凄艳的美，表面上美满的背后反而隐伏着空虚和悲哀。爱情的结局是否美满，有时并不能从表面上去推测和衡量，表面上结局不美满的，也许正因此而留下了永恒的美。

简单、顺其自然，这个原则是不会错的，人们之所以困惑，并不是他们不知道他们所遵守的原则，而是因为他们希望自己是例外。所以他们会明知故犯，会做错事情。对爱情不必勉强，对婚姻则要负责。这就是爱的智慧。

放开之后你才能拥有爱

一个即将出嫁的女孩，问母亲一个问题："妈妈，婚后我该怎样把握爱情呢？"母亲听了女儿的问话，温情地笑了笑，然后从地上捧起一捧沙。

女孩发现那捧沙子在母亲的手里，圆圆满满的，没有一点流失，没有一点撒落。

接着母亲用力将双手握紧，沙子立刻从母亲的指缝间泻落下来。待母亲再把手张开时，原来那捧沙子已所剩无几，其圆圆的形状也早已被压得扁扁的，毫无美感可言。女孩望着母亲手中的沙子，领悟地点了点头。那位母亲是要告诉她的女儿：爱情无需刻意去把握，越是想抓牢自己的爱情，反而容易失去自我，失去原则，失去彼此之间应该保持的宽容和谅解，爱情也会因此而变成毫无美感的形式。

每个人都希望自己永远拥有幸福美满的爱情，那么不妨学着用一捧沙的情怀来对待爱情，好好珍惜，好好把握，爱情必定会圆圆满满。

常听结过婚的人谈起自己婚后生活的不顺心。"婚姻是爱情的坟墓",许多人都觉得这是一句至理名言。为什么两个人都极为珍视对方的结合最后会成为感情的障碍?为什么为了更好地拥有对方而结婚却使两人离得越来越远?

有人曾把婚姻分为4种:可恶的婚姻、可忍的婚姻、可过的婚姻和可心的婚姻。第一种因为其质量的低劣让人忍无可忍,肯定是要解散的,而最后一种则是一种理想,我们常用一个词来形容:神仙眷属。但这种婚姻就像一见钟情的爱情,可遇而不可求,我们的婚姻大多是可忍或可过。它当然是不完美的,让人心酸而又无奈,继续下去不甘心,放弃又有太多的牵绊。它是我们心头的一根刺,隐隐地痛着,又拔不去。

放弃可恶的婚姻能轻易为自己找到足够的理由,并因此获得勇气。但放弃可过、可忍的婚姻,则需要一点破釜沉舟的勇气,当然,还要有一些赌徒的冒险精神——谁知道,这是给自己一个机会,还是把自己逼向更危险的悬崖。许多离了数次婚又结了数次婚的人,还是没有寻找到他们理想的生活,这样的局面让他们沮丧,甚至没有再试一次的勇气。

但选择婚姻就像是射箭,无论你感觉自己瞄得有多准,在箭射出去之后,它能否正中靶心,谁也不敢肯定——如果当时起了一阵微风,或者箭本身有些小故障,总之,一些不可预知的小意外,常常令结果扑朔迷离。婚姻也充满了意外,相信大多数男女在互赠钻戒的那一刻,心中都欣喜不已,以为自己的婚姻肯定会是圆满的。但后来,他可能变心了,她可能失去了如玉的容颜,他可能失业了,她可能性格变恶劣了,这些在结婚前没有预想过的意外,一样样地凸显出来,让人措手不及。

其实,婚姻是一种有缺陷的生活,完美无缺的婚姻只存在于恋爱时的遐想里,当然,那些婚姻屡败者也许还固守这个残破的理想。上帝总有些苛刻，或者说公平，他不会把所有的幸运和幸福降在一个人身上，有爱情的不一定有金钱，有金钱的不一定有快乐，有快乐的不一定有健康，有健康的不一定有激情。向往和追求美满精致的婚姻，就像希望花园里的玫瑰全在一个清晨怒放，那是跟自己过不去。

破坏婚姻也许不如建设婚姻。许多被大家看好的婚姻可能因为当事人的漫不经心、吹毛求疵、急不可耐很快就破碎了。在众人眼里粗陋不堪的婚姻，因为两个人用心、细致、锲而不舍的经营，反而会长长久久，就如一棵纤弱的树，后来居然能枝繁叶茂，郁郁葱葱。可忍或可过的婚姻大抵也是如此，当事人稍一怠慢，它可能很快就会枯萎、凋零。而若双方用一种积极的心态去修补、保养、维护，奇迹就会发生。

经营婚姻并不意味着盲目地对对方好，时时处处关心对方，还不如以平常心看待婚姻，把它看成是有缺陷的生活，顺其自然。爱，有的时候只有放开才能真正地拥有。

赞赏是婚姻的兴奋剂

赞赏是婚姻的兴奋剂，批评则是一剂毒药。要想让婚姻幸福、家庭快乐，就要学会赞赏的技巧。

赞美得表现在口头上，落实在行动中。记住，如果你想赞赏对方，任何小事都会有闪光之处。

纽约的专栏作家罗伯·普洛先生，娶了一位美丽聪慧的太太，很多男士都羡慕他。但他的太太珍妮却认为罗伯才是世界上最好的丈夫，因为罗伯知道如何让珍妮有这种骄傲的感觉。每当他有什么新书要出版，总不会忘记在首页写上"献给珍妮——我的妻子、我生命的全部"。这些题字比起支票上的数字当然有意义得多。

生活中一件非常小的事，你也可以让对方感到你的欣赏与感激。比如，她煲汤煲得很好，你就赞美她，使她知道你欣赏她的手艺，并且对此很依赖。当你做出这样的表示时，不要怕她知道她对你的快乐是如何的重要。法国上等社会的男子都要接受对女人的衣帽表示赞赏的训练，而且一天不只一次。英国政治家狄斯瑞利曾经在访问中说："我沾光于我夫人的多于世上其他任何人。我在儿童时，她是我最好的朋友，她帮助我勇往直前。在我们结婚以后，她节省每一镑钱，然后进行再投资，她为我储存了一个家当。我们有5个可爱的孩子。她一直在为我建造一个美丽的家庭，如果我有成就应归功于她。"对于这种表扬，他从不羞于出口。

有一位歌唱家西尔维亚，她为了丈夫麦格拉而放弃了灿烂的舞台事业。但她事业上的牺牲并没有使之失去他们的快乐。"她失掉了来自舞台成功的鼓掌称赞，"麦格拉说，"但我已尽力使她完全感觉到我的鼓掌称赞。如果一个女子完全要从她丈夫那里求得快乐，她必须在他的欣赏与真诚中得到。如果那欣赏与真诚是实际的，那她的快乐也就得到了答案。"

人们都喜欢被别人认可和肯定，尤其是女士。通常，男士们比较容易知道自己的定位。假如他们工作表现不好，上司很快就会提醒他们；假如他们做成了一笔大生意，也很快就会晋升、加薪或在同事之间得到表扬。但女士们就不同了。她们更喜欢生命中的另一半告诉她、肯定她。家人的感谢和赞美是她们唯一的奖励。当你拥有一个舒适的家庭，有情爱，有乐趣，食物也可口……这些都来自你温暖的家庭。所以，我们更需要时时全心全意地感谢对方，赞美对方。

赞美是储蓄感情的良方。大凡有矛盾的家庭，都是表扬严重不足的。正因为表扬的欠缺，才会常常自我表扬。自我表扬在女士身上，又往往以絮叨这种表现形式为开始，在男士的沉默或暴躁中结束；男士的自我表扬多闷在心里，急了时会千言万语归为一句话："我还不是为了这个家！"

表扬不是人事鉴定，更多是一种感受性的东西，是对对方价值和付出的肯定、认可和尊重，可以起到"良言一句三冬暖"的效果，化怨气为力气。仅在心里记着对方的好处是没用的，还得表现在口头上，落实在行动中。要记住，如果你想赞赏对方，任何小事都会有闪光之处。

人人都把家看成自由的港湾，爱说什么就说什么。在单位，领导是万万不能得罪的，同事也是一团和气地你好我好他也好，客户更是得罪不起的。憋了一天，回到家终于可以彻底放松了，脾气也就上来了。但很少有人想到，最影响你生活质量的恰恰是身边的那个人，最不能伤害的也是你的另一半。要知道，爱、恨多由小事生。寻常夫妻吵架就像小虫啃噬树根一样，吵多了，伤人的话难免会说出口，天长日久就会影响夫妻感情。

学会倾听，对男士尤为重要。女人爱唠叨，那是天性。其实她在说今天谁如何如何了、工作不顺心了、菜价涨了、交通堵了、天要下雨了，都是一种表达惯性，只要你给个耳朵听，做出认真听并思考的样子就行了。多数时候，女性要的是一种"你关心我"的态度，而不是你提供的答案。这是一个感情体贴与否的问题。日本的一项调查发现，大凡爱听妻子唠叨的家庭，都夫妻和睦，且妻子大都身体健康（调查没说丈夫是否健康）。聪明的丈夫会在认真听（起码是显得认真）时适当地发出"嗯""啊""唉""是吗"的回应，然后巧妙地引出别的话题，于是天下太平。

最有效的交流，应该是让你的话走进对方的心。虽说是"良药苦口利于病"，但心理学研究早就证明，人在接受负面信息时会产生自我防卫心理。说话者认为是真理的东西，到了听话者耳中就变了味儿。聪明的做法是，把苦口的良药包上糖衣喂给对方。

人际关系专家指出，夫妻之间可以讨论，但不能争论。争论是人际关系的一个陷阱，在争论中是没有赢家的，对夫妻来说更是如此。

在交流中应注意的方面还有很多，如，说话要看场合及对方心态，在朋友面前要互留面子；增强反馈意识，及时了解对方的内心感受；注意男女有别，避免交流失误；说话的态度和情绪有时比说话的内容还要含义深刻等。

如果没有赞赏，只有批评，那婚姻就不会幸福。婚姻撞击礁石的一个重要原因就是因为批评——无用的、令人心碎的批评。

毫不吝啬地去赞美你的爱人吧，为了幸福美满的生活！

平凡的生活，真正的快乐

影视和文学作品中看到的婚姻，总是那么神奇美妙、缠绵悱恻。但在现实生活中，婚姻却很少有惊天动地的情节，有的只是生儿育女和锅碗瓢盆的一大堆细节。殊不知，正是这些蕴含在家庭生活中的细节，比文学作品中轰轰烈烈的故事更真实、更弥足珍贵。这样的平凡的细节是散落在生活中的珍珠，能用欣赏的眼光将珍珠串起并珍藏的人，才会感到幸福。其实，不必埋怨婚姻，静下心来，将生活中的细节细心品味，相信你也会得出结论：这恰是一个情节起伏、荡气回肠的爱的故事。

芝加哥一位法官塞巴斯曾接触过 4 万宗婚姻案子，并调解过 2000 对夫妇，他说："细琐的事情是多数婚姻不幸的根源。一件简单的事，如妻子在丈夫早晨去工作的时候向丈夫招手说再会，就能避免许多离婚。"百老汇演员高恩习以为常地给他母亲每天打两次电话，直到她去世。他并不是每次都有一些新奇的新闻讲给她听，这种小小关注只是给她传递一种信息：他想念她，他要使她欢喜；她的快乐及幸福，对他极宝贵并且极密切。家人的相处往往就这么简单。

鲜花经常被认为是爱情的语言，它们并不费你许多钱——特别是在盛开的季节。但是，人们往往在重大节日、家人生病的时候，才会送上一束。为什么不在明晚就给她带回几朵玫瑰花呢？不信你马上试一试，看看结果如何。男人也很喜欢细节的惊喜。不如在丈夫回家时，给他准备一碗热汤或是洗脚水，这些细节会让男人感动万分。当然，还有几个纪念日不可不记：妻子的生日、丈夫的生日、结婚纪念日等等。

有这样一个故事：

一个家庭中，妻子每天早上起来都习惯随手倒水洗脸，热水瓶总是满满的，她从没有留意。直到有一天，丈夫累了一天睡下了，却忽然起身说："我去烧开水。"妻子大惑不解，睡觉了还烧开水干嘛？丈夫说："省得你明天早上事多来不及。"妻子才突然间明白丈夫无微不至的爱。丈夫和她一样，结婚前是衣来伸手饭来张口，连洗澡水都要爸妈放好。但婚后，丈夫却总是无声无息地在每一件小事上细致入微地体贴她。

有一次，妻子在车库里找不到自行车，于是急匆匆地上楼"求救"。丈夫二话没说，连忙起床就随她下了楼，-2℃的气温，他却没来得及穿袜子、戴手套，就启动了摩托车，将她送到了单位。这样的事情能让她感动一天。

生活中的轰轰烈烈毕竟少之又少，美好的细节就像一粒粒珍珠，散落在平淡的生活之中，它承载的爱意需要我们发现并体味，能够拾到的人，才会感到最幸福。

勃朗宁及其夫人应该算是一对模范夫妻。勃朗宁对生病的妻子极为体恤，他从未忙得忘了对夫人用小小的恭维及注意来保持爱情的活力。他的妻子有一次写信给她的妹妹说："现在我自然而然地开始好奇,到底我是否可成为一种现实的天使了。"勃朗宁经常对自己说:"我从这里只经过一次,所以,我所能做的任何好事,或我能对任何人表示的任何仁慈,让我现在就做吧。让我不要拖延,不要忽略,因为我将不会再从这里经过了。"

生活是由一件件的琐碎之事连缀而成的,在这根线上的点点滴滴都融汇着快乐的纽扣。细品着细琐的每一点每一滴,你都会觉得生活更加丰富多彩。

品味生活要多想些美好之处。因为生活毕竟不是只有鲜花,时时充满阳光。我们要想成功地走出郁闷和哀愁,就要多思考生活中美好的一面,从中品味幸福。比如下班了,妻子做好可口的饭菜,这就是一种快乐,不要因为她时常埋怨而懊恼,也不要因为她心胸狭窄而叹息。

一滴水珠可以折射太阳的光辉。品味生活的快乐是从小处着眼,不要因为事情小而忽略了别人对你的关爱。你上班迟到了,同事帮你打扫了地板,擦干净了桌子;下雨了,有人将伞伸到你头顶与你共享;当你向朋友借钱,哪怕发生屠格涅夫《兄弟》中的"我"遇乞丐的情景也无所谓。所有这些都是生活的一部分,都值得我们深深地怀念,让我们感动。

难得糊涂,太认真不好

"难得糊涂"是清朝末年书画大师郑板桥的名言。无论是在社会还是在家庭中,"糊涂"可以化解矛盾,可以化干戈为玉帛,可以云开雾散,可以使家庭气氛轻松。"糊涂"一点可以使人保持心胸坦然、精神愉快,可以消除生理上的疲惫和心理上的痛苦。

在家庭生活中如何做到糊涂呢？

一要胸怀宽广，也就是要宽容大度。胸襟开阔、宽容大度表明一个人的自我修养，表明这个人明白事理，宽以待人。居家过日子往往会遇到许多不顺心的事。比如，丈夫的一位朋友急用钱，丈夫把钱借给了朋友，但是妻子是个小心眼，知道后就会琢磨，他背着我借钱给别人，有一次就会有第二次，这次告诉了我，可能下次就会瞒着我。如果妻子光琢磨借钱这一件事还好，如果琢磨着就往其他方面瞎琢磨了，想着他不信任我了，他是不是把钱送给了人，借他钱的是男还是女，平常让他拿出点钱还挺难的，怎么借给别人钱却挺大方等等。这就是我们平常所说的小心眼、钻牛角尖。遇到这样的人就不要和他计较。

在家庭中宽宏大量的丈夫，能够使家庭关系化险为夷。比如，妻子的特点是说归说，干是干，妻子每天做家务，心里觉得不平衡，难免嘴里要唠叨几句，发发牢骚，对此，丈夫不要计较，拿出"宰相肚子能撑船"的气量或开开玩笑。与宽宏大量的丈夫一起生活，妻子会安全、放心，没有后顾之忧。

一位哲学家说过，一个宽宏大量的人，他的爱心往往多于怨恨，他乐观、愉快、豁达、忍让，而不悲伤、消沉、焦躁、恼怒。他对自己伴侣和亲友的不足之处，以爱心劝慰，晓之以理，动之以情，使听者动心、感佩、遵从，这样，夫妻之间就不会存在感情上的隔阂、行动上的对立、心理上的怨恨。

二是对小事不要斤斤计较，不要过于注重生活琐事，不要求全责备。居家过日子每天都要遇到一些大事或小事，因此生活中的种种矛盾很难避免。如果遇到事夫妻之间总是斤斤计较，非要弄个谁是谁非，硬要讨个"说法"，这种较真会带来烦恼和忧愁。久而久之，不利于身心健康。特别是作为丈夫、作为男人就更不应该在小事上斤斤计较。有的丈夫，在妻子买回东西后，问得特别仔细，菜多少钱一斤，在哪里买的，都要问清楚；

单位出差就问和谁一起去，去几天，都去哪，怎么去等等。同样，有的妻子也对丈夫买回的东西品头论足，这东西你买贵了或者是质量上有问题，你就没好好挑等等。

对生活中不触及原则性的事，不必认真计较。从心理学角度看，对无原则性、不中听的话或看不惯的事，装作没听见、没看见或随听、随看、随忘，这种糊涂处世的做法，不仅是一种处世的态度，亦是家庭和睦的秘诀。

幸福的生活是可以经营的

一对相爱的男女结了婚，然后生儿育女，接下来应该是"从此以后，就过着幸福快乐的生活"了，现实情况却不完全是这样。其实，家庭也是需要"经营"的，而且需要用心地"经营"，否则便没有幸福可言。

幸福家庭应当如何"经营"呢？

1. 家庭和睦的先决条件是夫妻恩爱。在家庭中，有不少关系类别，如夫妻关系、父子关系等等。每一种关系都很重要，但是各类关系的主轴是夫妻关系。有人认为妻子可以再嫁，丈夫可以再娶，但他们的父母却不能再换，所以按照父母的意愿，为了孝顺而舍弃夫妻之情离婚。可到头来还是苦了自己的父母，此举实属不智。有人为了子女的将来，不惜夫妻两地分居，最后导致家庭破裂，此举更属愚拙。其实，夫妻关系是任何亲情关系都不可取代的。

2. 家庭无可取代。分析目前很多家庭不幸福的主要原因，是夫妻双方认识不到家庭的重要性。不少人认为工作比家庭重要，结果夫妻感情日渐冷淡；不少人为客户比子女优先，结果亲子关系日渐疏远；不少人认为赚钱比婚姻重要，结果家庭关系濒于破裂。而那些深谙家庭重要性的人，则想方设法留下更多的时间给家里人，他可能因此而失去不少赚钱的机会，但得到的是全家人的欢乐相聚。

3. 扮演好各自的角色。西方某位先哲曾说过："做妻子的要爱自己的丈夫……做丈夫的也要爱妻子……做儿女的要孝敬父母……做父母的要爱护儿女……"这些话看似老生常谈，却都是维系家庭关系的重要原则。当然，在这个原则之下，还应该讲究一些技巧。更重要的是，大家应有"角色互补"的概念。比如丈夫应该体谅妻子，这里不存在什么面子的问题；而妻子也应学会对丈夫放手，这是聪明女人的做法。须知，当一个人因深深地爱着对方而不作无谓的计较时，对方也就会更乐意精心扮演好自己的家庭角色。这些小道理中包含着大学问。

4. 用"心"来"经营"家庭。幸福的家庭不是凭空而来的，而是需要家庭中所有成员的共同努力。因此，应当安排出彼此沟通的时间，使夫妻间能够敞开心扉、诉说衷肠，共度美好时光。为达到这个目的，有必要考虑制订一些"家规"，我们姑且将其称之为家中的"仪式行为"，如全家人尽可能在一起吃晚餐；家庭成员中如有人过生日应尽量到齐；每天有固定的"圆桌"时间，全家人坐在一起吃吃水果，聊聊天。这些由家庭成员共同遵守并参与的"家庭仪式"，可以使家庭氛围更加浓厚，使人真正体验到天伦之乐。

5. 培养良好的情绪。培养良好的情绪，目的不是不许家人发脾气、闹情绪，而是要让每个人学会在何时哭，何时笑，如何哭，如何笑。拥有幸福家庭的人通常活得很轻松，可是他们却不放肆；他们会发泄情绪，却不沦为"情绪化"，因为极端的"情绪化"很容易造成人身攻击。如果家庭中出现了矛盾，大家可以坐下来讨论，不妨让一个人先讲 3 分钟，然后另一个人再讲。若是其中一方情绪正处于激动状态，应待其稍微冷静后再谈，以免在"火头"上彼此恶语相向。

以上几个原则有利于家庭的稳定与和睦，夫妻双方均应做出自己的努力，不断沟通，相互礼让，这样才能使"家"更像个家，使更多的人拥有美满幸福的家庭。

幸福的摇篮是尊重和理解

托尔斯泰有句名言："幸福的家庭都是相似的，不幸的家庭各有各的不同。"

要创造良好的家庭氛围，首先必须加强夫妻双方的心理修养，做到互敬、互爱、互信、互帮、互慰、互勉、互让、互谅。夫妻之间要经常进行情感沟通，彼此相敬如宾，恩恩爱爱，琴瑟和鸣，使家庭成为生活中平静的港湾，在家里能得到鼓励、关心和欢乐，让家庭生活充满生气，充满绚丽的色彩。

读过西方哲学的人，大多知道尼采的一句名言："你到女人那里去吗？别忘了，带上你的鞭子！"这条给男人带来无限风光的鞭子，同时也给无数的妇女儿童带来一片凄风苦雨。家庭是人们心灵的港湾、情感的驿站，一旦充满了暴力，港湾将不再宁静，驿站也不再祥和。中国古代在夫妻关系上一直强调婚姻是合两性之好，夫妻间举案齐眉、相敬如宾一直是受到人们称赞的。《诗经·小雅·棠棣》上说："妻子好合，如鼓琴瑟。"夫妻应如琴瑟一样相互和谐，共同演奏生活的乐章。清初大儒李颙说："夫妻相敬如宾，则夫妻尽道，处夫妻而能尽道，则处父子兄弟君臣上下，斯能尽道。"夫妻之间相敬如宾，就能处理好家庭关系和各种社会关系。

无礼是侵蚀爱情的祸水。在我们对别人彬彬有礼的同时，我们很容易对和自己亲近的人无礼。我们绝对不会想到要阻止陌生人说："哎哟，你又要讲那旧故事了吗？"我们也不会未经许可就拆朋友的信，或窥探他们私人的秘密。只有家中的人，我们最亲近的人，我们才敢因为他们的小错而指责他们。狄克斯曾说："那是一件惊人的事，但真实地对我们说出刻薄、侮辱、伤感情的话的人，都是我们自家的人。"

家庭礼仪仿佛是婚姻中的营养剂，能带来加分效果。丹姆罗希与他夫人一直过着幸福的生活。"除了慎重选择自己的伴侣外，"丹姆罗希夫人说，"我以为结婚后的礼貌是最重要的。年轻的妻子们对她们的丈夫应该像对刚见面的人一样有礼！无论哪一个男人都要逃避一个泼妇的口舌。"

有人说："婚姻幸福的普通人，比幽居的天才快乐得多。"俄国小说家德琴尼夫受到世界各国的敬仰，但他说："如果什么地方有个女人关心我回家吃饭，我情愿放弃我所有的天才及我所有的书籍。"

有一次我参加一个招待会，男主人是个相当出名的杰出人物，对每个人都极为殷勤有礼——独独对自己的太太例外。无论是他的眼神或举止，似乎都没有显示他重视太太的存在。他的太太在陌生人群当中显得很不自在，而她的丈夫则如鱼得水，在人群当中显得容光焕发，十分得意。其实，在这种公共场合当中，分一点关注给自己的太太并不会影响他的公共关系，反而会提升他的形象，更可增进他与太太之间的关系。后来，听说他们的婚姻果然恶化，濒于离婚的边缘。有时对待丈夫或妻子，就像宾客一样，会让他（她）觉得自己的地位很重要。

Let it to be, Let it to be, 就让它这样吧！在家庭生活中，

这句话很重要。

首先，你是否对你的配偶不满，而试图改造他（她）呢？赶快停止行动，因为这是一个错误。

其次，Let it to be 不光是对配偶，对自己也同样。千万别对自己苛求，那只会使两个人都痛苦。保持相互宽容与尊重，就会好很多。

如果看到一位六十多岁的女性穿着俏皮的少女装，脚上踏着 3 寸高的皮鞋，头上又戴了一顶谁也看得出来的假发，会不会觉得很滑稽？她们深信女性的迷人之处，是在于年轻貌美，因此不顾一切地想尽办法要天天维持 29 岁。一个安静内向的女孩，由于认为豪放的笑声能增加吸引力，便利用酒精或其他古怪的动作来达到这个目的。殊不知，这些奇怪想法实在过于一厢情愿。没有人能够改变自己的个性。何况，你原来的样子，又有什么不好呢？我们更应该把假面具除去，让原来的品质发出亮光来。彰显自己好的部分，摒弃坏的部分，表现出最好的自己来，这是每个人都能做到的。

家人有时会有一些临时的建议，你却因为这个或那个原因加以推脱。你也许只是因为身体不适或是你对自己不满意。久而久之，推辞就造成了裂痕。不如干脆就说"好啊，让我们……"，如此偶尔为之，又有什么损失呢？我有一个朋友，她的丈夫很喜欢三两天的短假期，常常在见到一些旅游小册子的介绍之后便突发兴致地说道："亲爱的，收拾行李，我们明天早上到夏威夷去吧！"他的妻子早已精于此道，立刻把泳装丢进行李箱，打电话取消一切约会，然后便等着第二天早上飞机出发了。不要思前想后顾虑太多，现在的你已经很不错了。

婚姻是自然的、纯真的、无须掩饰的。如果整天忙于工作还想着如何改变自己或家人，那真是太累了，也不会享受到家庭的乐趣。

第九章

问问自己，为什么不对自己好一点

孩子需要鼓励，大人也需要鼓励；他人需要鼓励，自己也需要鼓励。什么是鼓励？鼓励就是通过特定的奖赏对人对己的再理解和再认同。

试着赞美一下自己

孩子需要鼓励，大人也需要鼓励；他人需要鼓励，自己也需要鼓励。什么是鼓励？鼓励就是通过特定的奖赏对人对己的再理解和再认同。

能干的波丽总是要把一切都做得完美，她的 BaoB 女装卖得非常好，夏季的到来给了她更大的机遇，一次次的追单赶活，已经把波丽累得毫无往日的轻松靓丽。钱是永远也挣不完的，况且她喜爱的法国电影周要在她喜爱的城市开演了，波丽想要慰劳自己，把生意转给女伴，和老公飞到那个听涛观海的城市去了。波丽特别知道善待自己，她这样做了，现在的她是那么悠然自得，不再有焦虑、紧张，更加自信从容。

在这个世界上，你是自己最要好的朋友，你也可以成为自己最大的敌人。两者的区别就在于一个态度：前者乐观、后者悲观，前者积极、后者消极。悲观和消极是你的心理毒品，它们会很快瓦解你的自信，吞噬你的自我。相反，唯有根植于积极的乐土，你的自信才能在不偏不倚的自爱中获得对人对己的宽宏，达到明辨是非的准确。像波丽这样善待自己吧，你会觉得阳光、鲜花、美景总是离你很近。你平和的心境是滋养女人的优良沃土。

在纽约的北郊住着一个名叫艾米丽的女孩，她整日自怨自艾，认定自己的理想永远实现不了，她的理想也是每一位妙龄女郎的理想：和一位潇洒的白马王子结婚、白头偕老。艾米丽总以为别人会有这种幸福，自己却永远被幸福拒于千里之外。

　　一个雨天的下午，不幸的艾米丽去找一位有名的心理学家，因为据说他能解除所有人的痛苦。她被让进了心理学家的办公室，握手的时候，她冰凉的手让心理学家的心都颤抖了。他打量着这个忧郁的女孩，她的眼神呆滞而绝望，讲话的声音像是来自于墓地。她的整个身心都好像在对心理学家哭泣着："我已经没有指望了！我是世界上最不幸的女人！"

　　心理学家请艾米丽坐下，跟她谈话，心里渐渐有了底。最后对她说："艾米丽，我会有办法的，但你得按我说的去做。"他要艾米丽去买一套新衣服，再去修整一下自己的头发，他要艾米丽打扮得漂漂亮亮的，然后他对她说，星期二他家有个晚会，他要请她来参加。

　　艾米丽还是一脸闷闷不乐，对心理学家说："就是参加晚会我也不会快乐。谁需要我，我能做什么呢？"心理学家告诉她："你要做的事很简单，你的任务就是帮助我照料客人，代表我欢迎他们，向他们致以最亲切的问候。"

　　星期二这天，艾米丽衣衫合适、发式得体地来到了晚会。她按照心理学家的吩咐，尽职尽责，一会儿和客人打招呼，一会儿帮客人端饮料，一会儿给客人开窗户，她在客人间穿梭不息，来回奔走，始终在帮助别人，完全忘记了自己。她眼神活泼，笑容可掬，成了晚会上的一道彩虹，散会时，同时有3位男士自告奋勇要送她回家。

　　一个星期又一个星期，一个月又一个月，这3位男士热烈地追求着艾米丽，艾米丽终于选中了其中的一位，让他给自己戴上了订婚戒指。不久，在婚礼上，有人对这位心理学家说："你创造了奇迹。""不，"心理学家说，"是她自己为自己创造了奇迹。人不能总想着自己、怜惜自己，而应该想着别人、体恤别人，艾米丽懂得了这个道理，所以变了。所有的女人都能拥有这个奇迹，只要你想，你就能让自己变得美丽。"

这就是关于"我"的故事，一份神奇的美丽。喜欢自己，因为你是你今生的唯一；善待自己，你将获得对自己的认同和理解；爱自己，为使自己能更好地给予他人；肯定自己，你将拥有一个更坚实的自己；丢掉自己，你将丢掉自己的私欲；鼓励自己，你将获得一份神奇的美丽。

失败也是成功的积累

在生活中，成功不仅仅意味着取得胜利，而且包括从失败中奋起的闪光意志。我们每个人身上都存在着一种失败机制，它产生于以往的挫折。这种失败机制的构成要素有——惧怕、怒气、自卑、孤独、无常、不满、空虚。

从某种程度上说，遭遇厄运和遭受失败是一样的。每一个人都遭受过失败，而且不只一次，正如我们经常会遇到倒霉事一样。从未遭受过失败的人，从未遭受过挫折的人，那他一定什么事都没做过。不做事固然不会有失败与挫折，当然也没有成功与战胜挫折的体验。

《包法利夫人》的作者福楼拜曾说："你一生中最光辉的日子，并非是成功的那一天，而是能从悲叹和绝望中涌出对人生挑战的心情和干劲的日子。"

研究失败者，你会发现他们都患有一个通病，那便是为自己找借口。

你将发现，借口很好地向你解释了为什么有的人能不断进取，而有的人却原地踏步。你也将发现，借口成千上万，其中最糟糕的莫过于以健康、智力、年龄和运气等为借口。越是成功的人，越少寻找借口。而那些停滞不前的人却总有无限的借口可寻。平庸的人总能很快地自我辩解。

我们所有的人，现在或过去，都免不了在某件事中失败。失败使我们焦躁不安，失去安全感。有些人因失败而愧悔不已，终日为曾经遭受的困顿挫折所左右，不能自拔。有时，我们正准备尽心尽力去干某件值得一干的事情时却因以往的失败经历而彷徨不前、左右为难，生怕重蹈覆辙。

如果我们被这些失败机制所慑服，我们便会背离正常的生活。因为，我们忽略了自身具备的珍贵财富，即自身固有的成功机制，失败最终会吞噬安宁，导致紧张不安，信心丧失殆尽。

我们必须学会接受自己的现状。我们永远不是完美无缺的，可能犯错误而导致自我形象遭到扭曲，但我们必须从中吸取教训，而不是因噎废食，从此抛弃我们辛辛苦苦开拓的事业。从失败中奋起，最终带来的是信心和快乐。

最大的失败莫过于害怕失误，不敢冒一个使我们的生活更富有意义但又经过仔细谋划的风险。如果我们能战胜这一担忧，那么自我就自动得到了改善，这必将为我们带来梦寐以求的幸福。

我们没人喜欢面对困难和不幸，但聪明的人善于把它当作成长的机会。

著名作家梭罗每天早晨的第一件事，是告诉自己一个好消息。然后，他会对自己说：“我能活在世间，是多么幸运的事。如果没有出生在世，我就无法听到踩在脚底的雪发出的吱吱声，也无法闻到木材燃烧的香味，更不可能看见人们眼中爱的光芒。”于是，他每一天都满怀对生命的感激之情。

人的一生是由幸福和悲伤、成功和失败、欢乐和痛苦交织而成的，只有当你经受得住成功和失败的考验，才能展示你的真正价值。

给自己的心灵多一点安慰

现在，心理失衡的现象在生活中时有发生。大凡遇到成绩不如意、高考落榜、与家人争吵、被人误解讥讽等等情况时，各种消极情绪就在内心积累，从而使心理失去平衡。消极情绪占据内心的一部分，由于惯性的作用使这部分越来越沉重、越来越狭隘；而未被占据的那部分却越来越空、越变越轻。因而心理明显分裂成两个部分，沉者压抑，轻者浮躁，使人出现暴戾、轻率、偏颇和愚蠢等等难以自抑的行为。这虽然是心理积累的能量在自然宣泄，但是它的行为却具有破坏性。

这时我们需要的是"心理补偿"。纵观古今中外的强者，其成功之秘诀就包括善于调节心理的失衡状态，通过心理补偿恢复平衡，甚至增加建设性的心理能量。

有人打了一个颇为形象的比方：人好似一架天平，左边是心理补偿功能，右边是消极情绪和心理压力。你能在多大程度上加重补偿功能的砝码而达到心理平衡，你就在多大程度上拥有了时间和精力去做那些有待你完成的任务，并有充分的乐趣去享受人生。

那么，应该如何去加重心理补偿的砝码呢？

要有正确的自我评价。情绪是伴随着人的自我评价与需求满足状态而变化的。所以，人要学会随时正确评价自己。有的青少年就是由于自我评价得不到肯定，某些需求得不到满足，又未能进行必要的反思，调整自我与客观之间的距离，因而心境始终处于郁闷或怨恨状态，甚至悲观厌世，最后走上绝路。

由此可见，青年人一定要正确估量自己，对事情的期望值不能过分高于现实值。当某些期望不能得到满足时，要善于劝慰和说服自己。不要害怕，没有遗憾的生活是平淡而缺少活力的生活。遗憾是生活中的"添加剂"，它为生活增添了改变与追求的动力，使人不安于现状，永远有进步的余地。处处有遗憾，又处处有希望，希望安慰着遗憾，而遗憾又充实了希望。正如法国作家大仲马所说："人生是一串由无数小烦恼组成的念珠，达观的人是笑着数完这串念珠的。"没有遗憾的生活是最大的遗憾。

为了能有自知之明，常常需要正确地对待他人的评价。因此，经常与别人交流思想，依靠友人的帮助，是求得心理补偿的有效手段。

必须意识到你所遇到的烦恼是生活中难免的。心理补偿是建立在理智基础之上的。人都有感情，遇到不痛快的事自然不会麻木不仁。没有理智的人喜欢抱屈、发牢骚，到处辩解、诉苦，好像这样就能摆脱痛苦。其实往往是白花时间，现实还是现实。明智的人是承认现实，既不幻想挫折和苦恼突然消失，也不追悔当初该如何如何，而是想到不顺心的事别人也常遇到，并非是老天跟自己过不去。这样就会减少心理压力，尽快平静下来，对那件事作个分析，总结经验教训，积极寻求解决的办法。

在挫折面前要适当用点"精神胜利法"，即所谓"阿Q精神"，这有助于逆境中进行心理补偿。例如，实验失败了，要想到失败乃是成功之母；被人误解或诽谤，要想到"在骂声中成长"的道理。

但是，在进行心理补偿时也要注意，自我宽慰不等于放任自流和为错误辩解。一个真正的达观者，往往是对自己的缺点和错误最无情的批判者，是最严格要求自己的进取者，是乐于向自我挑战的人。

记住雨果的话吧:"笑就是阳光,它能驱逐人们脸上的冬日。"

请每个人都善待自己

善待自己,因为你是你今生的唯一;善待自己,你将获得对自己的认同和理解;爱自己,为使自己能更好地给予他人。

26岁的公关部经理苏琪失恋后变成一个泄了气的皮球。她说,我是一只折断翅膀的丑小鸭,整个世界都把我抛弃了。可是,她忘了,这个失恋的苏琪是天下独一无二的苏琪。如果她学会喜欢自己、爱自己,她就不这么傻了。

她应该这样告诉自己:若没有我,我的自我将变成一纸空文;若没有我,我的生命将戛然而止;若没有我,我的世界将变成一片废墟。尽管在整个宇宙我不过是沧海一粟,但对于我自己,我是我的全部。为此我首先珍重自己,才能得到别人的珍重;我必须善待自己,才对得起造物主的恩赐。

后来,美丽的苏琪终于学会了自省,晚上躺在床上对自己说,我这是怎么了?为什么要这样虐待自己?从前做项目时我是那样地能说服别人,为什么自己就不能走出这段情呢?仔细想想,我没有什么不对。是他不对,是他玩弄了我的感情。应该难过的是他而不是我。那我究竟是为了什么呢?经过几夜的反省,苏琪终于找到了问题的症结:自尊,狭隘的自尊。原来,从小众星捧月的她从未受过别人的冷漠对待,她的痛苦归根结底不是为了失去的那个男人而是为了自己狭隘的自尊。于是她对自己说,现在我明白了,那样的自尊不能要,它不过是虚荣的幻影，一个坚实的自尊来自真正的自爱。我爱自己，还有什么可以自惭形秽的呢？就这样，否定了自己的虚荣后，苏琪不再痛苦了，她很快走出了失恋的伤情，坦然地接受了成熟的庆典。

自爱并非自恋，自爱的人懂得"将心比心"的厚重，自恋的人只想一味索取，不肯给予。自爱的人懂得生命来之不易，为使自己在有限的生命里获得无限的充实，他会挖掘自身的潜能，并为自己的目标竭尽全力；自爱的人像爱护自己的生命一样爱护自己的名誉和尊严，他不会为眼下的利益卑躬屈膝，更不屑于为自己的成功而狂妄自大，蛮横无理；自爱的人在精神上是独立的，他无需掠夺他人，更不会出卖自己；最后，真正自爱的人因着自己的充实而平静，他走入了"不以物喜，不以己悲"的自由与和谐。

28 岁的英文编辑晓岚就是这样一个自爱的女人。和屡屡拈花惹草的丈夫的离异并未使她自暴自弃。她对自己的人生有信心，了解自己的潜能，爱自己的孩子。离异后的晓岚利用两年时间完成了电脑程序的学习，不久在一家外国公司担任了电脑部经理。回忆自己的婚变，晓岚不无感慨地说，在今天这样一个多变的世界，对于一个单身母亲，自爱不但是她的生存之本，亦是她自信的根基，更是孩子的心理养分。一个自爱、自信的母亲必须以自己的实际行动告诉孩子，妈妈的离异是正确的，离异并不意味着生活欺骗了你，那不过是妈妈对婚姻错误的修正，修正错误后，生活会变得更加美丽。自此，孩子虽然失去了父亲，却仍获得了一份健康的母爱；而她个人虽然失去了婚姻，却挖掘出了自己的潜能，获得了灵魂的完整。

自己选择的路，就要坚定地走

马俊仁，被誉为中国田径界的"奇人""一代名帅"。

20世纪80年代末90年代初，马俊仁培养出了王军霞、曲云霞等优秀中长跑运动员，在国际国内大赛上多次打破世界纪录。在1996年亚特兰大奥运会上，王军霞获一金一银。国际田径联合会高度评价了马俊仁的成就，把他的"马氏训练法"列入国际权威训练理论。

如今马俊仁功成名就，然而他的成功却经历了一次又一次大的挫折。

1983年3月，马俊仁带着仅训练了4个月的弟子王莉、刘艳菊参加在上海嘉定举行的第五届全国运动会马拉松比赛。比赛开始时，体能占绝对优势的王莉一路领先，至30公里处把其他队员远远地抛在后面。但就在这时，在观众席上的马俊仁突然发现王莉的白跑鞋上渗出了红色，他的头"嗡"的一声，王莉的脚磨破了！王莉忍着钻心的疼痛，一瘸一拐地向前迈进。当她以第九名的成绩跑到终点的时候，晕了过去。辽宁队本来可以到手的一块金牌就这样眼睁睁地丢了，士气因此受到极大的影响。

原来，赛前时间紧张，马俊仁不得不采取高强度的训练，然而这需要完备的调养手段。因为缺乏这样的条件，王莉出现了胫骨前肌炎，但她仍然坚持训练。马俊仁对此缺乏准备，对王莉采用热疗的方法，这样的结果是炎症消失，疼痛也没了，但是脚底的硬茧却也给热水泡软了。

　　这对马俊仁无疑是当头一棒，他陷入深深的痛苦之中，别人的冷嘲热讽是次要的，他自己也开始怀疑他的训练理论。比赛结束后，他暂时放弃了中长跑事业，回到了自己的家乡，又当起了中学教师。他想利用短暂的休息调整一下心态和状态，然后再做打算。

　　马俊仁曾这样回忆当时那段痛苦历程："当时风言风语很多……说我不是什么本科的，也不是专业出身，训练不科学。我确实感到自己的能力和水平不够，怎么办呢？三人行，必有我师，我则认为二人行，也必有我师。和我一起训练的人，他们身上都有优点，我要想法把他们的优点学到手。我把一个人的经验学到手就是一份力量，我把100人的经验学到手，就有100份力量，这样就提高了我的能力。"

　　经过5年的积蓄，1988年复出的时候，他已经形成了一套完整的、独创的训练方案，厚积而薄发，马家军很快声威大震，在国内国际大赛上摘金夺银。

　　1994年，在斯图加特世锦赛和北京七运会后，马家军内部矛盾激化，终至师徒反目，一夜之间，他呕心沥血培养的队员人去楼空；他又出了车祸；还未能养好伤，他的老父亲又离开人世；他旧病复发，被人拖进了手术室……对马俊仁而言，可谓命运多舛！然而，他没有被挫折打倒，又重新组建"马家军"。"马家军"在沉寂了一段时间后又在赛场上创造出了新的奇迹，比如在2000年2月20日举行的北京国际公路赛上，由马俊仁担任主教练的中国女子中长跑队捧得该项赛事女子组冠军，以马俊仁新生代弟子领衔的大连经济开发区队夺得友好组冠军，随后在全国室内田径锦标赛暨中日对抗赛上，又获得女子1500米和3000米冠军，并有多名队员打破女子3000米亚洲纪录，再次成为媒体和公众关注的焦点。

试想，如果马俊仁在 1983 年嘉定失败之后一蹶不振，失去对自己训练方法的信心，那么肯定没有日后在国际国内赛场上摘金夺银的辉煌业绩。

生活中，我们也应该如此，不要让昨日的沮丧令明天的梦想黯然失色！

在一次讨论会上，一位著名的演说家没讲一句开场白，手里却高举着一张 20 美元的钞票。

面对会议室里的 200 个人，他问："谁要这 20 美元？"一只只手举了起来。他接着说："我打算把这 20 美元送给你们中的一位，但在这之前，请准许我做一件事。"他说着将钞票揉成一团，然后问："谁还要？"仍有人举起手来。

他又说："那么，假如我这样做又会怎么样呢？"他把钞票扔到地上，又踩上一只脚，并且用脚碾它。然后他拾起钞票，钞票已变得又脏又皱。

"现在谁还要？"还是有人举起手来。

"朋友们，你们已经上了一堂很有意义的课。无论我如何对待那张钞票，你们还是想要它，因为它并没贬值，它依旧值 20 美元。

"人生路上，我们会无数次被自己的决定或碰到的逆境击倒、欺凌甚至碾得粉身碎骨。我们觉得自己似乎一文不值。但无论发生什么，或将要发生什么，你们永远不会丧失价值。"

所以，无论我们身处什么环境，都不能把自己贬值，只要坦然面对逆境，认清自己的价值，就一定会有告别挫折的一天。

失意的同时不可失志

　　人从记事始，便在得意与失意之间生活。得意时，如浸泡在蜜水之中，欢悦万分；失意时，如含黄连，苦不堪言。

　　失意并非只是不得志，一切希冀未果，均属失意范畴。求学时，一次考场败北，是失意；工作上，事业无成，是失意；生活中，求爱遭拒绝，是失意。失意无时不有、无处不在。一次失意，如同品尝一次人生的苦辣，一次失意，是对人生的一次考验。尝过一回苦辣，历经一次考验，你便跨过人生的一道坎儿，你便超越了一次自我。

　　失意，并非你低人一等矮人一截，也不是你智商低下，因为失意像得意一样相随相伴人生。失意是得意的反面，无得意便无失意可言。得意有时会使人头顶猪尿泡不知轻重而失却明智，得意有时会因无尽的恭维而无视教训。

　　失意，会使你冷静地反思自责，使你能正视自己的缺点和弱项，努力克服不足，从而驾驭生命的帆船，乘风破浪，以求一搏，从失意的废墟上重新站起。失意，会使人细细品味人生，反复咀嚼苦辣，培养自身悟性，不断完善自己，失意而不失志，痛定思痛，重创业绩。失意不是一束鲜花而是一丛荆棘。鲜花虽令人怡情，但常常使人失去警惕；荆棘虽叫人心悸，但却使人头脑清醒。

　　失意，犹如逆境，而逆境是到达理想境界的通途。英国学者贝弗里奇曾说过："人们最出色的工作，往往在处于逆境的情况下做出，思想上的压力，甚至肉体上的痛苦，都可能成为精神上的兴奋剂。"善待失意，常常会产生一种无形的鞭策，催人奋进。

失意，是一剂清醒剂，它使人知不足。知不足则思学习，学习便增加知识，知识愈多，愈能善待失意，将失意当做攀登时的手杖。

失意，是一面镜子，能照见人的污浊。见污而不怒，悉心审视自身，再闯新路。一次失意就灰心失望的人，永远是个失败者。善待失意，因为人生本就是一场无休止的战斗，而失意便是无形的敌人，善待失意就能战胜失意。

人生得意，可歌可贺；人生失意，亦需善待。因为人生难免不如意，每个人的一生中，随时都会碰上湍流和险境，如果低下头来，看到的只是险恶与绝望，在眩晕之中失去了生命的斗志，就会使自己坠入地狱里。而我们若能抬头，看到的则是一片辽远的天空，那是一片充满了希望并能让我们飞翔的天地。

人生像是一条水流，历史就像是融合了许多水流的大江。你无法离开大江，但你又发现大江里布下了一些礁石，大江上偶尔有着狂风，江水流着流着会出现急剧的转弯、下降和攀升，以及歧路和迷宫。

人生也像一艘船，人自身就是开船的舵手。在成长、学习、工作、生活诸事中，我们不可能花好月圆、一帆风顺，而没有失意和挫折。总会遇到这样那样、或多或少的失意，如高考失利、仕途无望、商海折兵等。倘若我们在失意时浑浑噩噩、一蹶不振，只会失意又丧志，最后亲手葬送自己的前程。相反，如果我们从中分析原因，吸取教训，完善自己，避免今后再走相同或相似的弯路，那你已实实在在地踏上了成功的路。

其实，失意不是人的必需，而是人的必经。因为不经风雨怎见彩虹，你没受过风浪的冲击，你的意志就得不到锻炼，心灵就承受不了艰难困苦的洗礼。俗话说"大树底下长不出好草"，任何一个人想成就一番事业，就须迎击生活风浪，笑傲风云，因为有挫折才会奋起，有失意才会求荣。不要因一次挫折而折断人生奋进的脊梁，也不要为一次的失意放弃人生的追求，而应"吃一堑长一智"，在痛苦的磨难和调整中向新目标冲刺。

面对失意，不能失志。燕子去了，有再来的时候；杨柳枯了，有再绿的时候；桃花谢了，有再开的时候……调整自己的心态和情绪，扬起前进的风帆，校正人生的坐标和航线，重新寻找和把握机会，找到自己的位置、自己的光源、自己的声音……

从挫折中找到发光的"金子"

当身处挫折和绝境时，一定要头脑冷静，不要被吓倒。只要你的头脑保持清醒，眼光放长远，就能找出自身优势，那么，绝境对于你来说，就只是暂时的了。

20世纪50年代初，台湾经济处于恢复时期，急需发展纺织、水泥、塑胶等工业。化学工业基础雄厚的"永丰"老板何义到国外考察后，看到国际市场塑胶业技术先进，竞争激烈，自己难有立足之地，便打起了退堂鼓。王永庆，当时还是一个名不见经传的小商贩，竟决定投资塑胶业，因而招来了社会的非议，"何义都不做的事业，一定难做""不懂行情""不识时务"，但王永庆面对非议并没退缩。

1954年，他筹措50万美元，创办了台湾第一家塑胶公司，1957年建成投产。事情的发展果然不出何义所料：当台塑的原料生产出来时，日本等国的同类产品滚滚而来，充斥台湾市场，况且物美价廉，占有了绝大部分市场。而台塑产品严重滞销，仓库里挤满货物，股东们也心灰意冷。王永庆当时陷入了绝境。

面对着初战失利，王永庆并没有泄气，他自有他的计划。

他认为台湾当时是国际烧碱生产基地之一，而烧碱过程中有70％的氯气被弃置不用，实在太可惜，而氯气是塑胶生产的主要原料。他所有的优势是充足而廉价的原料。

世界上失败的人很多，但不一定都能爬得起来。只有检讨反思，总结教训，找出失败的原因，奋起直追，才能置之死地而后生。王永庆认准的就是这一个理，检讨才是成功之母。

台塑一定要办下去。经过一番"检讨"，王永庆采取了两条令人吃惊的措施：其一，针对供过于求的矛盾，他以常人所没有的胆识，采取了近似于"以毒攻毒"的策略，大幅度增加产量来压低成本和售价，从而获得压倒一切的竞争力。对此台塑的股东一致反对。于是，他毅然购下台塑所有股权，独自经营，我行我素。其二，造成当时濒临绝境的另一个重要原因是，与他连锁的加工厂对自己的产品不愿降低售价，致使销售量无法大幅度增加，因而对塑胶原料的需求量不旺。王永庆对他们动之以情，晓之以理，百般劝说无效后，以义无反顾的决心，敢于拼命的勇气，毅然成立了自己的加工厂——南亚塑胶厂，从而建立起塑胶原料与加工相连贯的"一体发展体系"。

国外大企业物美价廉的威胁并不可怕，关键看你采取什么样的竞争对策。由于王永庆改变了台塑的经营策略，又力求把台塑建成高效能、低消耗的企业，台塑的产品逐渐打开了销路，站稳了脚跟，继而逐步扩大再生产。台塑这条"小鱼"不仅没有被"大鱼"一口吞掉，反而更加成长壮大，到目前已成为台湾唯一进入"世界化工企业50强"的企业。

绝境并不可怕，准确定位自我优势，就是突破绝境的利器。

很多人找不到自己的优势所在，就是因为被困难吓怕了，抱着一种悲观消极的态度，不是盲人，胜似盲人。

如果你够积极，够主动，就能从一粒沙石中看见世界，通过主客观情况的分析比较，找到自己的优势和希望所在。

第十章

安然自若，用享受的心来对待生活

　　做人不能光知道忙碌，有的人常常说自己这里忙那里忙，没时间去旅游去玩，可是真正生病的时候又有非常多的时间来照顾自己。所以，要学会照顾自己，要学会享受生活，在忙碌的同时，也要有一颗安然的心！

"开"心方能开心

一个人不高兴，总有多种理由。他们不是因为钻"牛角尖"，就是陷入得失之中不可自拔，或者误认为某一关口就是人生的完结。

一个人要高兴，也很容易。容易的核心，归结为一句话：要开心，先"开"心。

跳出心灵的圈套，劈开僵硬的自我，松开紧握的拳头，勇敢地钻出并打碎"牛角尖"……你会感觉天原来这么广，海原来这么阔！

"不要怨自己的命运不好，不要抱怨自己的处境恶劣。换换角度，哪怕简单地松弛一下，就有可能从恶劣的情绪中走出来。"王蒙有一次接受记者采访时说了这样的话。

美国总统罗斯福有一次被盗，知道这一消息的朋友纷纷向他表示安慰。但他并没有把这一问题看得十分严重，说："这实在是一件值得庆贺的事。第一，他只偷去我的资产，而没有要我的生命；第二，他偷去的只是我的部分财产，而不是我的所有资产；第三，做贼的是他，而不是我。"

换一个角度，原来的悲剧完全可以转化为喜剧。如果你也像罗斯福这么想，你还会有什么不开心的呢？

打开心灵的窗户，容纳整个世界。

封闭的心灵使人无法与外界沟通，囿于自己的一片天空，在自己的"势力范围"内打转，这样永远无法体会生命运动的乐趣。

　　开放的心灵使人像大海一样容纳百川的归来，尽可能地吸纳世界上的新鲜事物。

　　很难想象，一颗封闭的心能有多快乐。永远在自己的圈子打转，永远不走出去，永远不和别人交往，自己的世界就像死水一片、波澜不惊。没有变化的生活是枯燥的生活，没有变化的生活是没有生机的世界。没有生机，哪有快乐？

　　敞开自己心扉，容纳世界上一切可以容纳的东西，让自己的内心世界充满生机和活力、充满变化与新鲜，这样才能开开心心、快快乐乐地过一辈子。

　　凡事看开。

　　不要拘泥小节。

　　随缘。

　　充满爱心。

　　打开心扉，快乐自来。

　　如果你的一生没有几件开心的事情，你的一天没有几声爽朗的笑声，那只能证明你不会生活。

　　人活一辈子，需要的东西很多。只有婴儿和老人活得最本真。婴儿刚生下来，还不会争、不会论、不会抢、不会夺，而老人已经和别人争过、论过、抢过和夺过了，现在已不得不躺在病榻上，身体破败得像一床棉絮，掐着手指数日子，生命进入了倒计时："要什么荣华富贵，要什么功名利禄呢？只要让我活着，就好！"是啊，临去之人，其言也善。可是，为什么年轻时我们不会明白、不会生活、不会将最宝贵的光阴用在最有意义的事情上，而只会较劲，杯弓蛇影，无限矫情？

　　有一则故事：古时一位老妇，常为一些鸡毛蒜皮的小事生气。有一天她去找高僧谈禅论道，高僧听了她的讲述，把她领到一间禅房里，落锁而去。妇人气得破口大骂，骂了许久，高僧也不理会。妇人又开始哀求，高僧还是置若罔闻。妇人终于沉默了，高僧来到门外，问她："你还生气吗？"妇人说："我只生自己的气，我怎么会来到这个鬼地方受这份罪？"

"连自己都不肯原谅的人，怎么能心如止水？"高僧拂袖而去。

过了一会儿，高僧又来问："还生气吗？"妇人说："不生气了。"

"为什么？"

"气也没办法啊！"

高僧又离开了。

当高僧第三次来到门前时，妇人告诉他："我不生气了，因为不值得气。"高僧笑道："你还知道值不值得，看来心中还有气根。"

当高僧的身影迎着夕阳立在门外时，妇人问道："大师，什么是气？"高僧将手中的茶水倾洒于地，妇人视之良久，顿悟，叩谢而去。

我们的生命就像高僧手中的那杯茶水一样，转瞬间就和泥土化为一体，光阴如此短暂，生活中一些无聊小事，又哪里值得我们花费时间去生气呢？相信我们在生活中都有过为琐事生气的经历，无非是为了争高低、论强弱，可争来争去，谁也不是最终的赢家。你在这件事上赢了某个人，保不齐会在另一件事上输给他，输输赢赢，赢赢输输。当你闭上眼睛和这个世界告别的时候，你和普天下所有的人是一样的：一无所有，两手空空。

人生在世，最重要的是做一些有意义的事，只有这样，无愧于自己美好的生命。不要把时间耗在争名夺利上，不要总把"就争这口气"挂在嘴边。真正有水平的人会把这口气咽下去，因为气都是争来的，你不争就没气，只有没气你才会做好事情，也只有没气你才会健康地活着，好生气的人很难不生病。

人，为什么只有虚弱的时候（譬如婴儿、老人、病人）才会珍惜生命，才懂得爱与被爱呢？命运竟是如此残酷：我们自作聪明，自欺欺人，而上苍冷眼旁观，暗自发笑。

人活一辈子，只有"开心"两字最让人心动。开心是一种生命的状态，是一种宁静的心情，是自己想开了的硕果，别人想争也是徒劳。开心让你忘记和别人争名利、论是非，和别人斗心眼儿、生真气，和别人抢位子、夺情感……开心给你一颗坦然的心，给你一个宽阔的视野，给你一个清醒的头脑，让你从忙着斗天、斗地、斗人中摆脱出来，让你明白自己的生活状态，让你明白自己一生到底需要什么，让你明白真正的幸福是什么。

开心是一种智慧。难得糊涂是开心，笑对挫折是开心，活得简单是开心，身体健康是开心，活出自己也是开心。获得成功要开心，失去机会也要学会想开，也要开心。

开心本身就是幸福，是幸福的最大标准，也是幸福的源泉。

把自己的生活融入自然

亲近大自然是人的本性。可惜在喧嚣嘈杂的现代都市里，人们在自我保护意识的支配下，沉醉在高科技手段所制造出来的"拟空间"中，丧失了这一欲望和本能。犹如在动物园中长大的野生动物一样，失去了自然生态条件，就势必会失去野性。

如今城市里的人越来越远离蓝天、阳光、花草、动物等自然因素，这是中国城市中的一种十分普遍的现代生存状态。

"滚滚长江东逝水，浪花淘尽英雄。是非成败转头空，青山依旧在，几度夕阳红。白发渔樵江渚上，惯看秋月春风。一壶浊酒喜相逢，古今多少事，都付笑谈中。"在奔流涌动的生命长河中，即使你生活得顺心如意、潇洒自如，甚至多姿多彩，留下千古佳名，在潇洒得意、纵横驰骋的背后，也有着无以言说的无奈和困惑，古人、今人概莫能外。

"人心不足蛇吞象"，人的欲望沟壑永远无法填平，因而得寸进尺、得陇望蜀，这是世人的通病。世人为了填补自己各方面的欲望，东奔西走，忙得焦头烂额，像不停转动的机器，好像永远没有停下脚步的时候。若我们再去看看深山茅棚里的僧人、樵夫，不难发现他们的生活竟是那样的无忧无虑、逍遥自在。

人是大自然之子，大自然中的花草树木、虫鸟禽兽、山川河流、风霜雪雨，向人们的好奇心、探索精神发出声声呼唤。在现代科技不断发展的今天，人们更应实行"开放"政策，打开家门，走进自然。

只有在大自然中，我们心境较平和，思绪才能清晰，行为也才能自在，因此回归大自然，也可以说是回归纯真、回归自我。所以，你自己不妨设想一下：

在某一年的春天，你只身旅行到了非洲的肯尼亚，住进了大草原的帐篷旅馆，然后租了辆吉普车，开始在草原上进行狩猎之旅。置身在一望无际的非洲草原中，你观赏着身边不时出现的野生动物——大象、狮子、牛羚等等，一个个自在地与大地共生共存，草原上所展现的巨大野生能量，震慑得你许久说不出话来。

一刹那间，你会发觉身上的每个细胞、每根神经都鲜活了起来，自己的感官有着前所未有的敏锐，风声、草动都接收得一清二楚，身体随之产生了一阵颤动，久久无法自抑。

这时，你才会感觉到，直至现在，你才是一个真真正正的人，一个属于自然的、远离尘嚣的纯粹的自然人。没有尔虞我诈，没有钩心斗角，没有功名利禄，自己完全融入了奇妙的生机勃勃的大自然，这种感觉不言而喻，无法用文字来表达。

奇妙自然，快乐天堂。是的，不看不知道，世界真奇妙，不亲口尝尝，是不知道大自然的滋味的。只有人们走进自然，成为自然的一个部分，才能体会到自然的乐趣与奇妙。

是的，找回生命的本真，唯一的出路就是亲近自然。

即使白天赚到全世界，但在你心里，是否有个声音一直在呼唤：抛开无休止的工作，远离令人窒息的都市，让渴望自然的心静下来！小桥流水、一池荷塘、大片竹林、庭院花草……生活开始进入另一种淡泊间的平静境界——当世界浮躁的时候，唯有心平气和者方能制胜！

人们为什么如此热爱旅游，尤其喜欢到名山大川，到大自然中去，道理其实很简单，那就是去寻找生命的真谛。

我们应该将亲近自然确定为精神追求中重要的一部分，不妨每天出去散步，这样一方面可以呼吸新鲜空气，锻炼身体，另一方面可以让你的内心感受阳光、蓝天、大地、世间万物的美丽。

在大自然中我们常常寻觅。寻觅那"明月松间照，清泉石上流"的韵致，寻觅那"蝉噪林逾静，鸟鸣山更幽"的空灵，寻觅那"红树醉秋色，碧溪弹夜弦"的意境。

聆听轻风喁喁低语，聆听松涛娓娓吟唱，聆听蛐蛐细细鸣叫，聆听山林中鸟儿欢啼。亲近自然会使你胸中的块垒随溪水逝去，工作的疲惫被溪水洗去，心灵的尘垢随溪水流去，身心如沐，愉悦清朗，潇洒通透。

有位智者说："当我们明心见性，达到内外如一、心物合一的境界，我们便能从任何细微的事物中获得智慧的启示。安静地看一瓢水，可以听到它演示的清净义，请汲来柔润自己的心田；细致地看一朵花，可以听见它宣说的庄严义，请掬来美化自己的生命。这就是奇妙，万事万物，无时无地不在百般譬喻、殷勤示教，你听见了吗？"

让自己心甘情愿地安守于自己不甘厮守的生活，确实很累。有时觉得自己就像一只被绳子牵着的风筝，只能绕着固定的半径打转。即使怎样挣扎，怎样扑腾，也只能领略一点点有限的风景。而外面世界的缤纷多彩总如同镜中花、水中月，可以清清楚楚地看见，却无法真实地触摸。于是，在这个平凡枯寂而又缺乏激情的玻璃屋子里，在百无聊赖中享受自己苍白的渴望。我渴望欣赏更多的美丽，我渴望更真更纯的爱恋，我渴望变成风，一直飞啊飞，飞往一个不为人知的角落。伴阳光，随落红，与彩蝶共舞，与山水对话，不为眼前眼花缭乱的繁华迷惑，不为声色犬马的变迁伤感……

亲近自然吧，让自然界欣欣向荣的景象激活你的身体，丰盈你的内心，振作你的精神！

换一种休闲的生活方式

有一位猎人看到一件有趣的事情。有一天，他偶然发现村里一位十分严肃的老人在与一只小鸡说话游戏。猎人好生奇怪，为什么一个生活严谨、不苟言笑的人会在没人时像一个小孩那样快乐呢？

他带着疑问去问老人，老人说："你为什么不把弓带在身边，并且时刻把弦扣上？"猎人说："天天把弦扣上，那么弦就失去弹性了。"老人便说："我和小鸡游戏，理由也是一样。"

生活也一样，每天总有干不完的事。但是，你有没有仔细想过，如果天天为工作疲于奔命，最终这些让我们焦头烂额的事情也会超过我们所能承受的极限。

尤其是当今社会，生活节奏不断加快，"时间"似乎对每个人都不再留情面。于是，超负荷的工作给人造成不可避免的疾患。

因为人们的工作压力过大、生活起居没了规律，所以患职业病、情绪不稳、心理失衡甚至猝死等一系列情况时有发生，给人们生活、工作及心理上造成无形的压力。

这时，我们需要换一种心情，轻松一下，比如放下工作，试着做一些其他的运动，以偷得片刻休闲，消去心中烦闷。记得有一位网球运动员，每次比赛前别人都去好好睡一觉然后再练球，他却一个人去打篮球。有人问他为什么不练网球，他说："打篮球我没有丝毫压力，觉得十分愉快。"对于他来说，换一种心态，换一种运动方式，就是最好的休闲。

你每天行色匆匆，为了生存、为了生活而奔波劳碌，时间被占得满满的。当今社会形势瞬息万变，随着生活节奏的加快，争时间、抢速度已成为市场经济这个大环境中的普遍现象。

据有关统计，在美国，有一半成年人的死因与压力有关；企业每年因压力遭受的损失达1500亿美元——员工缺勤及工作心不在焉而导致的效率低下。

在挪威，每年用于职业病治疗的费用达国民生产总值的

10%。

在英国，每年由于压力造成8亿个劳动日的损失，企业中6‰的缺勤是由与压力相关的不适引起的。

其实，我们都有时间，并且可以试着改变自己。当你下班赶着回家做家务时，你不妨提前一站下车，花半小时慢慢步行，到公园里走走。或者什么都不做，什么也不想，就是看看身边的景色，放松一下自己的心情，肯定会有意想不到的效果。

在一个美丽的海滩上，有一位不知从哪里来的老翁，每天坐在固定的一块礁石上垂钓。无论运气怎么样，钓多钓少，两小时的时间一到，便收起钓具，扬长而去。

老人的古怪行为引起了商人的好奇。

商人忍不住问："当你运气好的时候，为什么不一鼓作气钓上一天？这样一来，就可以满载而归了！"

"钓更多的鱼用来干什么？"老者平淡地反问。

"可以卖钱呀！"商人觉得老者傻得可爱。

"得了钱用来干什么？"老者仍平淡地问。

"你可以买一张网，捕更多的鱼，卖更多的钱。"商人迫不及待地说。

"卖更多的钱来干什么？"老者还是那副无所谓的神态。

"买一条渔船，出海去，捕更多的鱼，再赚更多的钱。"商人认为有必要给老者订一个规划。

"赚了钱再干什么？"老者仍显出那副无所谓的样子。

"组织一支船队，赚更多的钱。"商人心里直笑老者的愚钝不化。

"赚了更多的钱再干什么？"老者已准备收竿了。

"开一家远洋公司，不光捕鱼，而且运货，浩浩荡荡地出入世界各大港口，赚更多的钱。"商人眉飞色舞地描述道。

"赚了更多的钱还干什么？"老者的口吻已经明显地带着嘲弄的意味。

商人被这位老者激怒了，没想到自己反倒成了被问者。"你不赚钱又干什么？"

老人笑了："我每天钓上两小时的鱼，其余的时间嘛，我可以看看朝霞，欣赏落日，种种花草蔬菜，会会亲戚朋友，优哉游哉，更多的钱于我何用？"说话间，老人已打点行装走了。

老者以一种休闲的心态在海滩上垂钓，观朝霞，赏日落，这是多么令人神往的人生境界啊！喧嚣的都市，繁忙的工作，到底能给我们带来些什么呢？

当然，我们不可能像那位老者那样做到完全的休闲，因为我们有太多的事情要去做、太多的目标要去实现，但是，在承担来自各方面的压力的同时，我们是否也应该偶尔抽些时间，去放松一下自己，释放一下自己的压力，做到张弛有度不是更好吗？

心理学家说，摆脱眼前的一切，挣脱例行公事的羁绊，能使你远离旧有的困境，带给你新的希望，让你的心理产生正面的前瞻，甚至让熄灭的热情重新点燃，也会让你对自己的认识更深一层。于是，等你返家的时候，你会变得更快乐一些，更健康一些，应付压力时也更有效率一些。美国心理学家希柯斯博士说："你去度假的时候，就逃离了日常生活的单调性。把烦恼抛在脑后。即使你所做的，只是坐在河边看着溪水流动而已，但这也是一种极为可贵的步调变化，能让你重新充电。于是,等你回去的时候便会觉得精神更为饱满,有活力。"

有的人认为,休闲不就是去玩吗?那没有什么可学的。其实不然,王阳明曾经说过:"事事洞明皆学问。"休闲也有学问,要想玩出个花样来,玩出个痛快来,就得去学。

先说休闲方式吧,现在的休闲方式五花八门,你应该耐心思考一下,自己适合哪一种,如果你是个急性子,偏去钓鱼,那岂不是自找没趣?在都市人的休闲活动中,有以下几项休闲活动最受青睐。

学画自古就是修身养性的绝佳方式,是一种既高雅又怡情养性的活动。当今工作学习生活节奏紧张的条件下,抽出一点时间来学画写字也是一种很好的休闲活动,对心灵无疑是一种荡涤。

跳舞可以陶冶性情、愉悦身心,而且也比较容易学习,适合中老年人。跳舞除了可以增强心肺功能外,还有助于健美减肥。

登山对于年轻人来讲,无疑是既理想又时尚的运动,既放松压力,又可以锻炼一个人的意志和体魄。当然,现在的老年人体格越来越棒,也有许多登山爱好者。登山时,不仅山光水色令人大饱眼福,而且清新的空气可以涤荡都市浊气,实在是妙不可言。

网球运动是深受人们喜爱而极富乐趣的一项体育活动。它既是一种消遣,一种增进健康的方式,也是一种艺术追求和享受,当然它还是一种扣人心弦的竞赛项目。打网球,文明,高雅,动作优美,每打出一次好球,都会使人感觉兴奋异常,愉快无比。

打高尔夫球也逐渐受到都市人的青睐,但由于消费过于高昂，一般的人是玩不起的，被人们称为贵族运动。

到农村去度假也很受欢迎。这项活动不仅轻松愉悦，而且经济便宜，一般人都能承受得起，在空气污染严重、生活节奏紧张的都市待久了，不妨到乡村去体验一下。

休闲是生命本身的一种自然状态。休闲无法刻意去创造，而要靠心去感受。工作之余，偕三五知己一起去公园散步，有的人可以忘情无极，优哉游哉，不知身躯和灵魂之所在，不知不觉坠入休闲的境界；而有些人虽然一心想休闲起来，但几点几分还有什么事情要处理的念头会不时冒出来，挥之不去，他是无论如何也休闲不起来的。

休闲也是一种人文品位。醉中舞剑，隔窗读雨，无不是情趣。但休闲更是一种生态品位。茶余饭后，老农躺在院坪的竹椅上，"吧嗒吧嗒"地吸着烟，什么也不想，什么也不做，任微笑照亮满脸铜釉般的安详；信步由足，樵夫和着扁担的节奏，自由散漫地唱着古老的情歌，你能说这不是休闲？

会休闲的人其实往往都是很出色的人，不仅仅是工作上，更重要的是他们的生活愉快度和幸福感会更强。心累了，我们为什么不学会休闲呢？让心灵在休闲中得以解放吧！

你的快乐跟你的兴趣成正比

中国作家王蒙曾经说过这样一段话："在人的各种各样的毛病中，在各种骂人的词中，无趣是一个很重的词，是一个毁灭性的词。可悲的是，无趣的人还是太多了。这样的人除了一两样东西，如金钱、官职，顶多再加上鬼鬼祟祟耍心眼儿，再无爱好再无趣味。一脑门子官司，一脑门子私利，一脑门子是非，顶多再加一肚子吃喝。不读书，不看报，不游山，不玩水，不赏花，不种草，不养龟、鱼、猫、狗，不下棋，不打牌，不劳动，不锻炼，不学习，不唱歌，不跳舞，不打太极拳，不哭，不笑，不幽默，不好奇，不问问题，不看画展，不逛公园，不逛百货公司……自己活得毫无趣味，更败坏所有与他接触过的人的心绪。"

兴趣爱好比较广泛的人，视界比较开阔，思路比较活跃，较容易从多方面得到启迪而促进创造性活动，从而获得成就。

兴趣能焕发旺盛的精力，我们既要培养较广泛的兴趣，同时又要确定一个中心兴趣，并使这一兴趣保持持久、稳定的状态。坚持发展中心兴趣，能使人在某一领域贪婪地、大容量地吸纳知识，在某一方面发展特殊的才能，不断产生新的成绩。许多成功者的实践证明，他们几乎无一不是在中心兴趣的领域结出创造之果的。中心兴趣导向成功，是人才成长的一条法则。

一个人干起自己所感兴趣的事来，往往不易感到劳累，它能使人在心理上始终保持着一种昂奋状态。他绝不会感到工作是受苦、是折磨。因此，对身心发展极为有利。兴趣，能使人不知疲倦地连续工作，甚至可使人将终身的精力都献给它。

美国总统富兰克林·罗斯福即使在最艰苦的年代里，仍然坚持每天抽出一点时间来从事自己的小爱好——集邮。做自己喜欢做的事，可以让他忘记周围的一切烦心事，让心情彻底放松，让大脑重新清醒起来。

小兴趣可以愉悦身心，放松心情，而且还有延年益寿之功。有人做过这样的研究，试图找到长寿老人的共同特点。他们研究了食物、运动、观念等方面因素对健康的影响，结果令人惊讶，长寿老人们在饮食和运动方面几乎没有完全共同的特点，但有一点却是共同的，即他们都有自己的小爱好，并且把这作为自己的人生目标而为之奋斗，这是他们的精神寄托。

所以，无论你对生活多么不满，一定要有人生目标，要有点爱好，有点精神食粮，因为它能使你看轻人生的使命，能让你找到心灵家园，从而使人生更有意义。

在美国长岛，有一位名叫莱伯曼的百岁老人，他头发花白，但精神矍铄，看上去最多不超过 80 岁。据老人讲，他根本没想到自己能活这么大年纪，因为在他 80 岁的时候，曾对生命失去了兴趣，以为自己到了寿终正寝的时候，那时他的健康状况很差，看上去像是真的要不行了，可一次偶然的机会，他与绘画结缘，从此，他迎来了自己人生的第二次青春。

莱伯曼是在一家老年人俱乐部里和绘画结下缘分的。那时，老人歇业已多年，他常到城里的俱乐部去下棋，以此消磨时间。一天，女办事员告诉他，往常那位棋友因身体不适，不能前来作陪。看到老人的失望神情，这位热情的办事员就建议他到画室去转一转，还可以试画几下。

"您说什么，让我作画？"老人好奇地问道，"我从来没摸过画笔。"

"那不要紧，试试看嘛！说不定你会觉得很有意思呢！"

在女办事员的坚持下，莱伯曼到了画室，平生第一次摆弄起画笔和颜料，但他很快就入迷了，周围的人也都认为他简直就是一个天生的画家。81 岁那年，老人开始去听绘画课，开始学习绘画知识。从此，老人感到重新找到了生活的乐趣，精神一天天好了起来。

1997 年，洛杉矶一家颇有名望的艺术陈列馆专门为莱伯曼举办了一次画展。此时，已年过百岁的莱伯曼笔直地站在入口处，笑容满面，迎接参加开幕式仪式的来宾，许多有名的收藏家、评论家和新闻记者全都慕名而来。作品中表现出来的活力，赢得了许多观众的赞赏。

老人在展后接受采访时意兴盎然地说："我不说我有 101 岁的年纪，而是说有 101 年的成熟。我要借此机会向那些自认为上了年纪的人表明，这不是生活暮年，不要总去想还能活到哪年，而要想还能做什么，着手做点自己喜欢的事，这才是生活。"

亨利·梭罗曾经说："我从没找到过这样一个伙伴，他能像这一小时那样长期地陪伴着我。"生命的质量是以所做的事而不是以人度过的光阴来衡量的，生活中每天抽出一点时间来做自己喜欢做的事，能使心灵更美，生活更有情趣，生命也更有意义。

一个多才多艺的人，容易产生成就感，易被社会接纳。因为他能赢得社会的赞誉、周围人们的欣赏，往往能弥补自己生理上的、性格方面的不足；能使人厚积薄发，触类旁通，愉快地编织自己的网络，萌生出新的乐趣；易发现别人不易发现的智慧和美。

有时，在别人一筹莫展之处，他却能畅通无阻，勇往直前。在别人遇到危难、难以前进时，他却能履险如夷，跨越艰辛。一个对生活、对人生充满渴望，兴趣盎然，保持一种积极心态的人，必然有过人的精力。

兴趣，能增加生活的亮色。

兴趣，是一个人充满活力的表现。生活本身应该是赤橙黄绿青蓝紫多色调的。有兴趣爱好的人，生活才有七色阳光，才能感受到生命的珍贵。

在紧张的工作之余，培养自己的兴趣爱好，能调适心情，使自己得到放松。

健康有益的兴趣，能使人在潜移默化中享受生活的馈赠，接受文明的陶冶，培育良好的性格、毅力、意志等优秀心理气质。

兴趣爱好还能促进人际交往，增强友谊。使人扩大视野，开阔知识面，使人心境愉快，促进身体健康，给你的生活带来幸福和宁静。

在整个人类文明史上，不少文坛俊杰、科学巨擘、商界行家、政坛精英，他们都有自己独特的、丰富的事业和生活的兴趣雅好。他们既是执著创造的事业中人，又是富于生活情趣的性情中人。事业是他们的不朽生命，生活则是他们纵横捭阖的精美舞台。他们在享受立业欢愉的同时，又以自己斑斓多彩、瑰美绝有的闲情雅趣，装点生活的艺术，拓展独特的才华。

许多文人、学者、画师钟情于大自然，他们或是拨动山水之韵，或是追寻绿的踪迹，或是醉赏风花雪月，或是独享月色的清幽。他们吟风弄月，散怀山水，江海踏浪，遨游天下，贪婪地阅读着浩浩宇宙之书。

大自然的神韵带给他们创造的灵感，助他们在事业的海洋中自由地游弋。不少名家在休闲时刻都有自己独特的爱好，他们或情系花香，或醉恋草木，或宠爱生灵，或迷于音乐，或欣赏艺术，或闲读诗书，或博藏珍玩，或强身养性……在五彩缤纷的生活中，享受人生之趣，使自己的事业、身心都得到和谐、均衡、健康的发展。

兴趣与快乐是相伴相生的。要热情地培育兴趣，积极地寻觅快乐，主动"创造"愉悦之境，是每一个奋斗者应具备的态度。快乐不会自动到来，它需要你努力寻找和创造出来。人活在世界上，究竟是快乐的时候多还是不那么快乐的时候多取决于你自己。

人生不如意事十之八九。快活并不是每个人都有运气碰上的，不快乐则是随时随地在等待着你。一个人踏进社会，不知会有哪些坑坑洼洼，等着你去跌个鼻青脸肿呢。所以，越寻思越觉得活在这个世界上太累了。怎么办呢？如果你不想精神崩溃，如果你并不甘心，那么，最佳之计：你一定要努力寻找快乐，去追求心目中的理想世界。

每个人都有专属于自己的快乐

中国作家王蒙曾经说过这样一段话："我每天都吃三顿饭，睡八小时觉，大便一次，小便六七次，从来没有考虑过这样是雅还是俗。我爱听柴可夫斯基、贝多芬、马勒、舒曼的交响乐，是因为我爱听，不是因为它们雅或是还不够雅。据说，素食是雅的，而'肉食者鄙'，但是我还是鄙鄙地常常吃肉，除了吃肉要票的那些年。所以，我深为吃肉不要票而欢欣鼓舞歌功颂德，不论这有多么鄙。我爱听梆子戏、相声、芭芭拉·斯特拉桑德与凤飞飞的流行歌曲，不害怕也不避讳它们的俗，因为我爱听，从中能够得到某种愉悦。写文章，我要稿费，因为我有这个俗俗的需要，也就不怕其俗。我又不会专门盯在稿费上，不是为了雅，而是为了文章的最佳效果和我与编辑出版部门的友谊，还有我作为一个作家的自尊自信。"

王蒙富有哲理的话向我们说明了这样一个道理：做自己喜欢的事情，使自己的兴趣广泛一点，多涉猎一些雅的、俗的，喜欢自己喜欢的，能给人生增添无限的乐趣。

音乐必不可少。重金属摇滚、蓝调爵士、乡村民谣、古典音乐、人生成功的重要诀窍就是经营自己的长处，因为经营自己的长处能给人生增值，而经营自己的短处则会使人生贬值。马克·吐温曾经弃文经商，因不懂经营之道，几次尝试几次失败；后来重走创作之路，因其文学天赋而很快摆脱了失败的困境，成为一代文豪，他的成与败皆为兴趣使然。由此看来，一个人在选择职业的时候，无须多考虑这个职业能为自己带来多少名利，重要的是应该选择最能使自己全力以赴、最能发挥自己兴趣特长的职业，这样才能把自己放在最合适的位置上，经营出有声有色的人生。

兴趣爱好是生活中不可缺少的原动力，愿每个人在自己所喜欢做的事情上都能小有成就，那么对个人而言日子将会过得有滋有味；对世界而言，又增添了无数个推进人类文明的可能性，这个世界也会因此而变得更美好，更有生机。

在书画中寻找自己的乐趣

巴尔扎克说："一位高明的画家，不刻意照抄一个风景，则他留给我们的就不仅是表面形象，而是实质性的精髓。"

生活中，不如意者十常八九，人生道路上碰上障碍在所难免，忧郁、彷徨、烦恼、悲愤可能每个人都体验过。如果你喜欢，你可以寄情于水墨丹青，让这些充满灵性的艺术瑰宝去抚慰你那伤痛的心。

"琴书诗画，达士以之养性灵"，寄情于水墨丹青之中，沉浸于那洒满墨香的氛围之中，笔走龙蛇，气韵畅通，你的心胸会顿觉舒畅，感受艺术的同时也能更好地感受生命。

世界织布业的巨头之一威尔福莱特·康，尽管事业非常忙碌，在他为事业奋斗了大半辈子时，他总感觉到自己生活中缺了点什么东西似的，于是他选择了画画，每天从百忙中抽出一个小时来安心画画，不仅事业取得了辉煌的成就，而且他在画画上也得到了不菲的回报———多次成功举办个人画展。威尔福莱特·康在谈起自己的成功时说："过去我很想画画，但从未学过油画，我曾不敢相信自己花了力气会有很大的收获。可我还是决定学油画，无论做多大的牺牲，每天一定要抽一小时来画画。"

威尔福莱特·康为了保证这一小时不受干扰，唯一的办法就是每天早晨5点前就起床，一直画到吃早饭，威尔福莱特·康后来回忆说，"其实那并不算苦，一旦我决定每天在这一小时里学画，每天清晨这个时候，怎么也不想再睡了。"他把楼顶改为画室，几年来他从未放过早晨的这一小时，而时间给他的报酬也是惊人的。他的油画大量在画展上出现，他还举办了多次个人画展，其中有几百幅画以高价被人买走了。他把这一小时作画所得的全部收入变为奖学金，专供给那些搞艺术的优秀学生，"捐赠这点钱算不了什么，只是我的一半收获。从画画中我所获得启迪和愉悦才是我最大的收获！"

画不仅可以愉悦人心，陶冶性情，还可以治病疗伤。

美国有一位画家做过这样一个实验：他特地为一位癌症患者画了一幅《天上飞来的希望》的画。每当患者凝视这幅画时，那只正在波涛汹涌的大海上展翅高飞的海鸥便会使他心中升起信心和希望。医生曾断言说他活不过两年，可自从他试着每天去欣赏这幅画后，他的病竟然慢慢好转，他已活了35年。

无独有偶。另一个以画治病的故事更有趣。据传南北朝时鄱阳郡王爷被齐明帝所杀后，其王妃悲痛欲绝，整日茶饭不思，终于一病不起。王妃试过了各种妙方，尝遍了天下良药，仍不见好转。最后，其兄慕名请来一位画师为鄱阳郡王爷作了一幅画像。画师深知王妃之病为相思病，经过一番冥想之后，便作好一幅画密封后转交给王妃，并让人转告她说，有人曾偷画王爷像，要王妃派亲信以高价赎取。亲信取回后，王妃展开一看，当即勃然大怒，从病床上一跃而起，大声骂道："这个老色鬼，早该千刀万剐！"原来，画上画的是郡王爷生前和一宠姜在调情的丑态。可说也奇怪，王妃的病竟然从此日渐好转，最后竟然奇迹般康复。

作画可以让人沉浸，抛烦恼于脑后，观画可以让人宠辱皆忘，愉悦身心，获得一个美好心境。在现代快节奏的生活中，不妨在家中挂上几幅清丽典雅的字画，在闲暇之余细细品味，可让人赏心悦目，获得一份清净，于身心健康十分有利。

多听音乐，它可以安抚你的心灵

孔子说："余音绕梁，三月不知肉味。"

音乐是一种听觉艺术，是一种人类共有的语言。它来源于生活，为我们的情感服务。科学研究证明：听适合的音乐，可以优化人的性格，平稳人的情绪，提高人的修养品位，甚至有养生保健、延年益寿的神奇功效。

医学专家通过大量的研究证明，人类需要通过音乐来抒发自己的感情，并从中受益。音乐可以调节人体大脑皮层的生理机能。提高体内生物的活性，调节血液循环和活化神经细胞。另外，音乐会使人体的胃蠕动更有规律，能够促进机体新陈代谢，增强抗病能力。

在医学上有一个著名的"莫扎特效应"：当你听一曲莫扎

特之后，你的大脑活力将会增强，思维更敏捷，运动更有效，它甚至可缓解癫痫病人等患神经障碍的病人的病情。6年前，研究者证明，在IQ测试中，听莫扎特的受试者得分比其他人更高。

1975年，美国音乐界的知名人士凯·金太尔夫人因乳腺癌缠身，身体状况每况愈下，濒临死亡的边缘。这时候，金太尔夫人的父亲不顾年迈体弱，坚持天天用钢琴为爱女弹奏乐曲。或许是充满爱心的旋律感动了上苍。两年之后奇迹出现了，金太尔夫人胜利地战胜了乳腺癌。重新康复后，她热情似火地投身于音乐疗法的活动，出任美国某癌症治疗中心音乐治疗队主任。金太尔夫人弹奏吉他，自谱、自奏、自唱，引吭高歌，帮助癌症病人振奋精神，与绝症进行顽强的拼搏。

德国科学家马泰松致力于音乐疗法几十年，在对爱好音乐的家庭进行调查后注意到，常常聆听舒缓音乐的家庭成员，大都举止文雅，性情温柔；与低沉古典音乐特别有缘的家庭成员，相互之间能够做到和睦谦让，彬彬有礼；对浪漫音乐特别钟情的家庭成员，性格表现为思想活跃，热情开朗。他由此得出结论说："旋律具有主要的意义，并且是音乐完美的最高峰。音乐之所以能给人以艺术的享受，并有益于健康，正是因为音乐有动人的旋律。"

音乐是起源于自然界中的声音，人与自然息息相关，所以音乐对人的精神、脏腑必然会产生相应的影响。音乐主要是通过乐曲本身的节奏、旋律，其次是速度、音量、音调等的不同而产生不同的疗效。在进行音乐治疗时，应根据病情诊断，在辩证配曲的原则下，选择适当的乐曲组成音乐疗法处方。

烦恼时听听音乐，能重新燃起生活的热情，唤起人们对美好生活的回忆和憧憬，使人心理趋于平静，心绪得到改善，精神受到陶冶。圣人孔子就非常爱听音乐，他自称是"余音绕梁，三月不知肉味"。

既然音乐有这么多用处，不妨在工作之余，茶余饭后，戴上耳机，听一曲柔美舒缓的音乐，让身心在悠美动听的节奏中彻底放松。